中外园林艺术研究

董　淼◎著

吉林出版集团股份有限公司

图书在版编目（CIP）数据

中外园林艺术研究 / 董淼著 . — 长春 : 吉林出版
集团股份有限公司，2022.4
　　ISBN 978-7-5731-1361-0

　Ⅰ . ①中… Ⅱ . ①董… Ⅲ. ①园林艺术－研究－世界
Ⅳ . ①TU986.1

中国版本图书馆 CIP 数据核字（2022）第 053667 号

中外园林艺术研究

著　　者	董　淼
责任编辑	白聪响
封面设计	林　吉
开　　本	787mm×1092mm　　1/16
字　　数	200 千
印　　张	9
版　　次	2022 年 4 月第 1 版
印　　次	2022 年 4 月第 1 次印刷
出版发行	吉林出版集团股份有限公司
电　　话	总编办：010-63109269
	发行部：010-63109269
印　　刷	北京宝莲鸿图科技有限公司

ISBN 978-7-5731-1361-0　　　　　　　　　　　　　定价：68.00 元

前　言

　　中西方对自然的认知不同、造园思想的差异、中西方文化的差异、审美情趣、造园方法的不同等因素的影响，造成了中西方园林景观在园林类型、园林规模、园林与建筑的关系、造园艺术与美学风格方面的巨大差异。中国现代园林建筑要提炼中国古典园林文化的本土特征和西方园林文化的精髓，挖掘出潜在的、有意义、有价值的设计要素，使现代文明和传统文化完美融合，形成一种全新的现代园林设计理念。面对全球化的挑战，中国现代园林如何在发展中继承和发扬古典园林民族特色的基础上不断创新，以满足当代人的休闲要求和对自然审美的渴望，值得深思和探索。

　　中国园林风格的形成主要受到传统思想文化的影响。中国古代传统文化思想对中国古典园林的影响以及人对自然美的认识和追求，常常与社会活动相关。园林的发展也与诗歌有着密切的联系。清代钱泳在《履园丛话》中说："造园如作诗文，必使曲折有法，前后呼应，最忌堆砌，最忌错杂，方称佳构。"从中我们可以看出诗歌与中国古典园林有着必不可断的联系。

　　西方传统园林也被称为规则式花园。西方传统园林在建造中有一种秩序和控制的意味。在建造园林过程中有多种形式与方法来体现这种秩序与控制感，有时与自然的杂乱无章形成对比，这是在西方传统园林建造中运用最多的手法；有时又与园林之外的城镇、都市的混乱感相联系；有时则与同花园相接的住宅生活有关等等。

　　本书分别从园林的四个基本构成要素分析中外园林古典与现代的发展对比，得出古典与现代园林中的相似性和差异性。相似性是因为现代园林中许多园林设计要素中的处理方法继承古典园林的处理方法。而差异性是因为世界艺术的发展，时代的更替，当代艺术的盛行，现代园林设计师在设计园林中进行创新，与当今时代的艺术相互结合，从而形成现代城市公园的新局面。

目　录

第一章 中外园林的理论研究

第一节 中国园林景观与国外园林景观

在特定的空间内，通过种植花木以及增设建筑等艺术手段，创作出适合人们游玩、娱乐、休息的美丽境域就是园林。本节对国内外园林的发展历史以及今后的发展方向进行了研究，以供参考。

一、对中国园林的研究

（一）国内古典园林的主要特征

在古代，由于思想的影响，园林的建造始终有着"天人合一"的思想。在园林建造的过程中，主要是把大自然中的山水，以及人所创作的诗词歌赋、画卷等聚集起来，这样就会显得园林景观非常有内涵。我国的古典园林大体上可以分为皇室、文人、寺院以及邑等四个主要类型。在中国古代北方，园林的类型大多数属于皇室园林。皇室园林的特点就是气势宏伟，占地面积广。而在南方，园林大部分是私人的园林，其特点是占地面积小，但是内部的装饰十分考究。我国地域辽阔，各地域园林的特点也不尽相同，有的园林注重历史底蕴，有的则注重风格上的华丽。这些古典园林是我国古代劳动人民的智慧结晶，对今后我国园林的发展有着非常重要的借鉴意义。

（二）国内近代园林的主要特征

由于 19 世纪西方列强的入侵，鸦片战争打开了中国的大门，使带着工业气息的西方园林融入中国的园林体系中。在民国时期建立的公园可以大概体现这个时期园林的主要特征，同时一些皇家园林也向普通群众开放，一些富人效仿西方样式去建造园林，但是鲜有成功者，西方思想的进入，推动了我国景观园林的发展。在新中国成立之后，园林学逐步涉及许多领域，各大高校也纷纷创办了园林专业，传统园林以学科的形式在高校开设，逐步形成了以后的综合园林学科。

（三）国内现代园林的主要特征

新中国成立以来，特别是改革开放后，随着科技的飞速发展，在大力发展工业的同时，难免会有环境保护上的疏忽，中国园林不像西方国家那样有着深厚的工业文明底蕴，造成了现在景观园林设计存在缺陷，一些地区景观园林建设的过程中，对西方园林模式进行生搬硬套，完全忽略了我国独特的历史文化内涵。新中国成立以来，根据不同时期的特点，又可以将园林景观的发展细分为三个不同的阶段。第一个阶段就是从 1949 年到 1976 年。在这个时间段内，新中国刚刚成立，经济发展相对落后，对外开放的园林大多数是一些私人宅院或者是皇家园林，国家对园林的投资也较少。第二个阶段是从 1977 年到 1989 年，这时的中国上下百废待兴，园林事业也更是如此，国家对园林景观建设更加重视，对园林景观也加大了投资力度，许多新式的园林涌现，但是由于种种原因，这些园林景观良莠不齐，这对于今后我国园林的发展无疑是一个深刻的教训，也为现代化的园林指明了方向。第三个阶段是从 1990 年至今，在这 30 年间，中国经济迅速发展，城镇化的步伐也不断加快。但是在许多园林景观建造的过程中，忽略了园林与地方人文特色的结合，导致城市特征十分单一。在科学技术飞速发展，我国工业化进程不断加快及可持续发展的大前提下，我国园林景观正逐步向生态化迈进。

二、对国外园林的研究

（一）西方园林的发展历史

在公元前 3000 多年前，地中海东部沿岸古埃及产生世界上最早的规则式园林；在公元前 500 年，古希腊的雅典城邦及罗马别墅园建园；公元 14 世纪，伊斯兰园林鼎盛，同时期也出现了印度莫卧儿园林；公元 15 世纪后期，欧洲意大利半岛的理水方式和园林小品产生；到了公元 17 世纪，法国出现了中轴线对称规整的园林布局；公元 18 世纪初期，英国的风景式园林的盛行；到了公元 19 世纪中叶，植物研究成为专门的学科，大量花卉开始在景观中运用。公元 19 世纪后期，大工业的发展，郊野地区开始兴建别墅园林，自第一次世界大战之后，现代流派的迭兴产生了现代园林。

（二）西方园林的发展方向

随着自然生态系统的严重退化和人类生存环境的日益恶化，西方社会对人与自然的关系认识发生了根本变化，以前想要改造、控制甚至征服自然，现在现代园林设计所追求的是减少甚至是没有人类参与而由自然形成的真正的自然场所。国外园林的发展逐渐走向自然、走向生态，社会在发展的过程中自然资源不断地开发利用，这终究会使其趋近匮乏，自然环境的破坏和污染使西方社会对人与自然的关系认识发生了根本变化。从 20 世纪 60-70 年代开始，经济发展和城市繁荣带来了急剧增加的污染，严重的石油危机把人们从工业时代的富足梦想中唤醒，人们开始思考环境危机的根源，认识到一味摄取自然资源来扩大生产的资本主义运作方式会造成资源的枯竭，因此园林的发展更加注重生态化。

园林景观是沟通人与自然的有效手段，中国是一个文化底蕴深厚的国家，其园林历史可以追溯到 3000 多年以前，时代的不同，对园林功能及外观的要求也就不同。因此在园林建设的过程中，要吸收先进理念，与时俱进。

第二节　国外园林绿化装备现状及发展

　　发达国家的城市绿地建设中草坪占有相当大的比重，欧洲、美洲及澳大利亚的大都市都有星罗棋布的草坪景观广场，有着悠久的草坪种植历史，也有着广泛的庭院草坪消费需求。草坪机械是专门为种植观赏草坪及养护而发明、发展的机械类型。而城市园林绿化使用的油锯打枝机、割灌机则是林业采伐原木及间伐苗木作业机械的衍生产品。现代风景规划设计崇尚自然的风潮把越来越多的野生植物纳入观赏植物的范畴，源于自然超于自然的唯美理念成为园林工程师的现实工作目标，园林绿化机械成为他们得心应手的"雕塑刀"。一些农林机械产品还会逐步演化成符合城市环境使用要求的园林机械产品，园林机械产品的植物雕塑和养护功能将日渐突出。

　　现代科学技术和机械工业基础是园林绿化机械的发展平台，小型动力机械、农业机械、林业机械和草坪机械制造商分享着园林绿化机械市场这块蛋糕，直接推动着园林机械技术的发展。其中小型动力机械和草坪机械制造商是园林绿化产业市场需求的主要受益者，他们全力以赴地追踪市场未来的需求，而农林机械制造商也在密切关注相关市场和边缘产品的需求变化。细分市场是为了面面俱到把蛋糕做大，技术分工是为了逐点深入争取全面提升。

　　欧、美、日等经济发达国家城市化进程起步相差数十年至百余年，而工业化程度大有后来居上的趋势，城市化进程加快，城市化差距急剧缩小，园林建设缤彩纷呈。园林绿化机械产品紧随城市化进程和工业制造技术水平稳步发展，但由于自然条件、文化理念和消费习惯不同，不同国家具有不同的市场特色。

一、产品发展与地理及文化紧密相关

　　美国城市化进程起步比英国晚 80 年，虽然地广人稀，但是由于移民伴随着资金、技术、产业迅速聚集，40年间城市化水平增加约23个百分点，发展速度快，规模大。那些冒险家新贵对欧洲庄园式生活的期望值一代高过一代，促进了景观规划和大尺度景观园林建设迅速发展。基础设施建设之后种植草坪是最有效的快速绿化手段，草坪业涵盖了种子种植业、草坪种植业、草坪养护业、草坪机械制造业、草坪衍生产品制造业，以及技术研究开发、商务贸易、仓储物流等领域，成为美国十大产业之一。高效率的大型草坪绿化机械装备至今仍是美国的强项，其技术领先，配套成龙。美国的高尔夫球场数以万计，许多都是改良荒地建造而成的休闲绿洲；美国高速公路通行里程世界第一，绿色通道绵延近10万千米。在水土保持法律法规的约束下，建设方必须做到不增加裸露地面、不留建设痕迹、不遗留建设垃圾。建设期间尽可能保留原有植被，建设完成后植被也必须完全恢复并覆盖地面，保护土壤不受侵蚀，仅仅有植物苗的裸露土地不能算作绿化面积。在这样的法规约束下，植被恢复速度与基础设施建设速度几乎保持同步，工程效率则是依靠大型工程绿化机械装备来提高的。

美国的"约翰迪尔"是大型动力机械的佼佼者，在农业机械、高尔夫球场机械、园林机械等领域都有不俗的业绩，凭借公司雄厚的资本实力和技术实力，该产品始终走高端技术路线。美国"托罗"公司的高尔夫球场设备占据美国一流球场80%的市场份额，园林机械、灌溉机械也是商用机械装备市场的宠儿。美国的气候条件不如欧洲，降雨量不均衡，相对恶劣气候的压力促进了美国节水灌溉技术后来居上并快速发展。"托罗""雨鸟""亨特"等专业灌溉设备公司，都有很强的自主研发能力和规模生产制造能力。小到家庭渗灌、微灌、喷灌，大到高尔夫球场、牧草场的灌溉，都能实现程序化或智能化控制精准节水灌溉。精巧的暗藏式喷头及桁架式喷灌机的应用使美国现代科学技术充分体现在特种种植产业领域的装备上。土地高度私有化以及土地占用者必须维护土地完好性的法律制度，使得农业机械、林木机械和草坪机械在民众中的普及率很高，像铁锹、扫把一样成为家庭日常用品的一部分。在美国，园林绿化机械的4S服务店普及率不亚于我国汽车、摩托车的

4S 服务店，稍有规模的超级市场都设有园林工具、园林机械产品销售专区，市场规模近 70 亿美元。这些专业机械产品的国际制造商不仅是专业技术的领跑者，也是市场开发的敏感者，当中国市场刚刚出现生机时他们就进入中国市场，耐心地在初级客户中培育高端客户。

澳大利亚、新西兰的城市化进程和市场状况与美国有很多相似之处，然而制造业却不如美国，产业规模有限，近年来园林机械制造业每况愈下。十几年前，位于悉尼的"维克托"曾经是澳大利亚草坪修剪机自主品牌的骄傲，发动机和草坪修剪机底盘极具特色。而如今，"维克托"从十年前的发动机被同化开始，几乎已经完全消失在美国产品之中。新西兰的"马驰宝"经过痛苦的抉择之后，将生产基地转移到中国的福建省才重新焕发了生命力。

欧洲发达国家的自然环境较好，城市化进程起步早，居住密度比美洲高，受宫廷文化影响至深，人们崇尚休闲安逸的生活，讲究消费品位，是园林机械的发源地。因此，对园林绿化机械的技术和质量要求高，市场容量稳定，是国际制造商的必争之地。如同汽车一样，许多高技术园林机械产品都是针对欧洲苛刻的市场准入条件开发出来的。几个老牌的欧洲林业机械制造商，如"斯蒂尔""哈斯瓦纳"不仅顺应世界经济发展潮流将主流产品从采伐机械拓展到园林绿化机械，而且还走出欧洲融入国际市场，在美洲、非洲、亚洲找到了更广阔的生存空间。欧洲采伐油锯市场的萎缩迫使两个油锯生产巨头一方面在国际市场上争抢份额，另一方面提高整机性能积极增加园林等潜在市场容量。把油锯做成操作更简单、使用更轻便、排放更环保的大众产品，成为园林、居家、休闲、抢险等都可以使用的安全和高效常备工具，让老牌林业机械制造商获益匪浅。欧洲园林机械装备的精湛技术独树一帜，瑞典"哈斯瓦纳"的太阳能全自动草坪修剪机实现了无废气排放、无噪声污染的环保概念，可以将太阳能转化为机械动力，按主人设定的程序逐行巡视修剪庭院草坪，不需要花匠操作，不会伤害旁观者。曾经只是林业机械制造商展示家庭概念机的组合式修剪机如今产销量与日俱增，像动力车取代自行车一样走入家庭。一个小型汽油机组合配套绳索式打草机头、绿篱修剪机头、高枝修剪机头的一机多用模式成为家庭园林工具升级换代的产品以及庭院园林休闲手工体验项目的新宠，也使得林业机械生产商找到了新的市场。而另一些固守欧洲市场的老品牌，由于产品制造精良、款式时尚，仍然是忠实客户的最爱，但欧洲有限的市场空间被美、日产品挤压得所剩无几，高价格、低产量使得欧洲老牌企业处境艰难。

日本城市化进程始于1920年，起步晚于英国160年，但起点较高，发展十分迅速，40年城市化程度增加40个百分点。因日本是山多地少的岛国，人口居住地高度集中在东京等大都市圈内，所以绿化以林木为主草坪为辅；造园理念与中国同源，环境保护理念却与欧洲相近；建筑物紧凑，庭院窄小，因此园林绿化机械在本土消费能力十分有限。但是日本仍然是园林机械的生产大国，许多产品都是从高度发达的农林机械衍生而成的，具有小巧、轻便等特点。"小松"油锯、"本田"草坪修剪机、"回声"割灌机等小型动力机械产品都进入了世界主流市场，外销产品占到生产量的90%以上，同时，电子点火器、化油器等关键零部件因质优价廉也是专业国际制造商配套的首选。日本拥有2000多个高尔夫球俱乐部，这是高度城市化国家的一种休闲景观公园形式，集美化环境、度假、健身、休闲于一体，既有利于疏导良性消费又有利于疏解都市快节奏生活的焦虑。高尔夫球场草坪养护设备的需求市场支撑着日本"巴洛奈斯"等几家高尔夫设备生产制造商，生产规模在世界范围虽不是很大，但专业技术水准高使他们在中国市场也占有一席之地。

二、产品发展与经销理念、服务理念及消费理念紧密结合

在功能需求成为市场主导因素时廉价产品就有机会得到快速发展，许多成功的大公司初期都是利用市场迅速扩张的机会走低价路线夺取市场份额，从而站稳脚跟与行业大佬们平起平坐。超级市场是欧美中、低端品牌拼搏的主战场。当市场需求萎缩或品质需求成为市场的主导因素时，产品的技术含量就成为销售的制胜法宝，专营店成为职业用户可靠的港湾，非理性消费对

他们的影响较小，技术服务收入会弥补部分产品销售的亏欠。与汽车制造商的经营策略相似，园林机械国际制造商的巨头们也是靠产品规格系列多元化来满足不同层次消费者的需求以拓展市场规模，利用高端产品的高利润来偿付高技术研究开发的高费用，利用成熟技术的普及应用来提升产品整体品质，依靠规模产量摊薄成本来获取利润。商用机械市场容量虽然有限却是各大制造商争相抢占的制高点，技术上居高临下可以先声夺人；民用机械虽然利薄，但各类品牌在市场上依然是严防死守寸土必争，留得客户青山在不怕工厂没柴烧。技术专利、工艺秘密、生产标准的竞争更多是在商用机制造领域展开。更少的废气排放、更低的噪声污染、更简便的操控、更轻便的携带、更舒适的操作是现代园林机械设计制造者追求的目标。这是经销理念。

在经济技术发达的国家，政府对公益性服务的管理是受到公民监督的，装备投入必须切合实际。园林行业的生产组织是有序和规范的，园林机械的噪声排放和废气排放必须在规定范围内，生产活动也必须尽可能地错位安排，即生活区有噪声的生产活动安排在非休息时间区段，商务区有噪声的生产活动安排在非工作时间区段，尽量减少园林生产活动对服务区驻地人员的干扰，以人性化的服务避免纠纷。因此，人们只看到整齐清新的植物而很少看到园林工人繁忙的劳动，很少在休闲、安睡或静心思索、紧张会晤时刻受到持续的噪声干扰。另外一个措施就是合理的装备配置和有效的管理。发达国家的园林服务公司人员必须具备较高的职业素质，必须经过专业技术培训才能上岗。公司管理者一般都会对服务区域的每块绿地做出服务规划、制定作业规范，什么时间用什么设备实施什么作业，每块绿地每次作业人员、设备的组合与作业时间搭配等等。这样做可以保证定时、定点快速进入施工，完成后准时干净、利落撤离，留下清新整洁的绿地，带走一切废弃物，也便于施工作业的计划、调度、考核。施工小组一般由 2～4 人组成，配备一辆加专用拖车的皮卡携带全套机械装备，工具、零配件、消耗品和便携式机械有序地装在皮卡车斗的专用架和箱里，随行式和坐骑式大型机械装载在专用拖车上。园林专用拖车是根据交通规范为较大的园林机械特别设计的，后挡板可以放下组成坡桥，便于较大的园林机械快速装卸，减少对正常交通和观光活动的影响。这是服务理念。

服装鞋帽曾经是生活必需品，汽车及手表也曾经是先进的快节奏生活工具。而如今，这些生活必需品和工具有许多品牌成为高消费阶层的奢侈品，消费价值远远高于基本的功能价值。产品生产者下大本钱争得设计时尚、做工精良的美誉以维持品牌形象，购买者花大价钱赢得高贵典雅、雍容大度的体面身份。当园林机械休闲的色彩日渐浓厚的时候，其功能价值也将日益降低，消费价值日益提高。庭院灌溉设施隐蔽化、精准化、智能化的发展趋势和坐骑式草坪修剪机日趋热销说明这种变化将会更多地体现在灌溉及修剪这种可以"工作并快乐着"的机械装备方面，而种植机械、植保机械由于作业过于单调，专业技术含量较高不会吸引休闲体验类消费，故缺少家庭化的趋向。欧洲园林机械产品休闲功能较突出，更人性化，外观时尚、色彩艳丽的工程塑料壳体园林机械率先在欧洲流行开来。美国的园林机械产品是专属工具更实用，并没有把美式轿车的奢华风格移植到园林机械上。钢质底盘一直是美国草坪修剪机的主要形式，性价比适中的"佰利通"汽油机挤走了英国王牌、压垮了澳大利亚"地主"、抑制住本土的"泰康"、控制着日本的"本田"，始终保持着行业霸主地位。日本的园林机械产品是输出商品，保持着日本产品特有的风格，更时尚、更轻便、更精巧。这是消费理念。

国际上，在一些工程机械、环保机械、高尔夫球场机械等展览会上也可以看到涉及草坪和林木等植物作业的机械装备，大都是为工程承包商服务的，可以划为专用商业机械的范畴。美国的户外动力机械展览会和一些国际花园产品展览会则是家庭消费产品比拼的主战场。

高尔夫球场是一个在经济发达国家被普遍认可的投资较大、维护费用较高和可以辅助盈利的景观园林项目。球场的园林景观是球场品质的重要组成部分，有助于提升会籍价值、地产价值及消费价格。园林景观效果优秀的会有较高的收益率，可以雇用更优秀的人员、购置更精良的装备以维护高水准的植物生态环境。高尔夫球场设备是一组特殊的园林专用机械，它以草坪的种植、灌溉、修剪、养护为主要作业内容，也涉及周边以及球道分割区的乔、灌木养护管理。高尔夫球场完全由植物覆盖，具有接近自然大草原心旷神怡的感觉和超自然地毯式闲庭信步的感受，是人与植物良性互动的一种大尺度景观园林，是足球等运动草坪商业化后公共园林景观从公益性质全面转向商业性质的根本变革。高尔夫球场机械装备的阵容体现球场的实力，装备的功能和质量保障维护效率和精准度，既要维护草坪植物健康的生长繁衍，又要满足消费客户休闲的康乐活动。在运营的间歇迅速完成维护作业，还不能惊扰度假的宾客。每次的修剪量既不能多也不能少，必须保持良好的视觉效果和回弹性，修剪精度可达到毫米以内。因此，高尔夫球场草坪养护设备是最完备的草坪机械设备，完全的商用机械和奢华装备，是现代工业技术在园林绿化产业上应用的典范，液压伺服、数字控制、电子感应等前卫技术集成的高端园林绿化机械装备。如同园艺苗圃到花园庭院，到城市公园，高尔夫球是从牧民的嬉戏方式升华成为贵族的绅士运动，又逐步普及高度城市化国家的中产阶层，成为一种商品化的休闲运动。

日本亩均农林机械化水平世界领先，户均园林机械拥有量则远远低于欧美，而高尔夫消费却不亚于欧美，这可能是由于日本人均居住面积率低、比重少，更乐于寻求商品化有限空间公共绿地的休闲消费。

三、各国园林绿化装备主要产品及特点

在小型非道路动力机械市场上，美国户外动力机械协会起到了非常好的行业协调作用，其是由一个股份制的草坪机械研究所演变而来的。20世纪50年代初，草坪机械引发的伤害事故日益增多使生产企业受到国家的约束。为了寻找解决方法，几个草坪机械制造商集资承办非营利的草坪机械贸易协会专门研究草坪机械技术发展中遇到的问题，定名为草坪机械研究所。从研究制定防止伤害的行业标准，协调企业行为与国家法规的合理性入手，全面开展与草坪机械相关的各项工作。很快，业务范围超出草坪机械的界限，研究所更名为户外动力机械研究所，成员单位扩充至链锯、割灌机、剪枝机等各类户外动力机械生产企业，但仍然以专用机械的安全使用为中心工作内容，得到公众的认可和国家的支持。1984年，当生态园林理念得到世界普遍认可时，户外动力机械研究所创办了"国际草坪、花园及动力设备博览会"，并连续举办二十余年。博览会规模和影响力不断扩大，正在成为凝聚力越来越强、成员单位越来越多、产品范围越来越广的泛绿色产业行业博览会。博览会以草坪机械为主题，由室内静态展示和户外动态演示两部分组成，逐步加入绿色植物生产过程的相关产品，现在已将人工植被环境条件下的休闲机械产品纳入参展范围。

随行旋刀剪草机、坐骑式剪草机、汽油割草割灌机、汽油绿篱剪、草坪拖拉机等产品都是以三缸以下的小型内燃机为动力，单缸机占绝大多数。所谓户外动力是区别于大五金类电动工具的产品，强调无电缆限制在屋外自由操控。与草坪相关的机械产品成为主体，随行式旋刀草坪修剪机产量比重约占总量的30%，随行式商用草坪修剪机械的产量比重占同类型产品不足10%；而坐骑式商用草坪修剪机产量比重达到坐骑式草坪修剪机产量的40%；草坪拖拉机、园林拖拉机基本为商用机型；由于大型联合采伐机和自行式割灌机的出现，以及全球性的限伐趋势，油锯、割灌机的商用机产量比重持续走低。国际市场上小型户外动力机械的主力客户是自用的民众。

国外对便携式割灌机（手持或背负）的开发研究较早，起点高，水平亦较高，广泛采用现代科学技术，如工程塑料、CDI无触点电子点火等，整机质量轻，功率大，工作稳定可靠，使用操作灵巧，并形成了系列产品。以德国STIHL公司、SOLO公司为代表的厂家，其产品动力排量从22CC到56.5CC，功率从0.6kW到2.8kW。便携式割灌机主要分为以修剪人工种植观赏草坪为主要工作目标的家用轻型机，以修剪大面积景观林地混播草坪为主要工作目标或可以收割农作物的通用型机，以林业清理灌木为主要工作目标职业人员使用的专业型割灌机3种。国际大品牌的割灌机一般都有环式手把和羊角手把等多种形式的轻型、通用型、专业型全系列产品。其中，通用型和专业型的工作头部分都可以更换使用尼龙丝盒割草器，尼龙活络刀盘，钢制三齿、四齿、八齿和圆锯片等多种切割刀具，这些刀具分别用于人工草坪、蛮荒草地、草灌丛、灌木丛切割和小径木间伐等项作业。家用轻型机一般都是弯杆环式辅助手把机型，德国、瑞典等欧洲国家制造的专用割灌机上都配有减振装置或采取其他人机工效技术措施。

1993 年日本研制成功了割灌带宽 90cm、且能自动调平驾驶座椅的坡地用自行式割灌机，表明本土林业仍然是产业科研的主要研究方向。苏联制造的 MNC 大型除灌机可以安装在白俄罗斯型拖拉机上，前部为压灌部分，后部为割灌切碎部分。机器前进时，压灌部分先将灌木压弯压挤在一起，再由割灌装置自根茎处切断，最后由切碎装置将割下的灌木切碎并抛撒在地上，该机可用于大面积的除灌作业。最近加拿大 Windsor 公司也生产了一种 Enso 除灌机，它在割灌装置后面加装了除草剂喷洒装置，能同时进行机械和化学抚育，可大大节省化学药剂的喷洒量。德国制造的克拉马尔除灌机悬挂在四轮驱动拖拉机的前方，机器前进时旋切刀可将前面的灌木切成碎块。英国制造的大型灌木切割机有萨布列除灌机、12 型灌木切碎机、横轴甩锤式除灌机和水平甩锤式除灌机。萨布列除灌机的除灌锯片安装在向前伸出的悬臂上，是为了保持机器的平衡后部装有配重；锯切部分可以根据需要更换，这种除灌机可锯断直径为 4 ~ 20 英寸的树木。这些以农林作业目标研制的大型割灌机有可能在目前工程绿化地被植物灌木化的园林设计趋势下发挥作用，用于护坡植物平茬复壮。

国际上树枝修剪机械有便携式（手持或背负）、车载式和自动式等多种形式。日本小松、德国的斯蒂尔和瑞典的胡斯华纳等公司都生产由小型汽油机直接传动的高位树枝修剪锯。还有的是以汽油机作为动力带动液压泵，靠液压驱动液压剪工作，其振动小，切口平滑，使用效果好；也有的靠液压驱动小型液压马达带动装在锯头部的链条锯工作，锯径可达 20cm，修剪效率高，修剪高度可达 5m，但造价较高，维修、保养以及对操作人员的素质要求也都较高。这些机械设计的初衷基本上都是降低林业行业的从业危险性，用于园林观赏树木作业和城市林业管理。

第三节 国外历史园林复建研究系统

作为兼具自然生命力与人工艺术魅力的遗产类型，历史园林保护与复建在全世界范围内受到关注。为全面了解历史园林复建研究的发展情况，对1983年以来国外历史园林复建文献进行系统综述，对历史园林复建的定义与内涵、历史园林面临的问题与挑战、复建的标准与依据、复建方法，以及复建效果5个主要研究领域进行了分析。基于历史园林遗产特征，从价值评判、活态特征、整体视角和动态变化4个方面探讨了历史园林复建原则，以期为中国历史园林传承发展提供借鉴。

历史园林作为文化与自然结合的独特艺术品，展现了社会综合因素影响下人类自然观的发展与演变。《佛罗伦萨宪章》指出历史园林是"从历史或艺术角度而言，民众所感兴趣的建筑和园艺构造"，并将其认定为单独的文化遗产类型。此后，人们逐渐认识到历史园林在文化传承、生态保护、观赏游憩和社会经济发展等方面的综合价值。然而，因为自然侵蚀、人为破坏以及社会变迁等原因，历史园林生存状况不容乐观，亟须关注和保护。园林复建是促进历史园林可持续发展的重要手段。园林复建的概念与特点、复建标准与依据、复建方法以及复建效果评价等问题被广泛讨论；然而，定义与内涵的模糊、历史园林与社会环境的脱节以及复建效果的争议等问题也暴露出来。在遗产保护发展日新月异的时代背景下，理应借鉴与吸取国外历史园林复建的经验教训，为中国园林遗产传承发展提供有益参考。

一、研究方法

选取《佛罗伦萨宪章》颁布之后，即1983年以来的文献来反映园林复建特点，进而分析历史园林的复建理论与实践发展。为提高文献质量，从 Web of Science、Scopus 和 Science Direct 数据库中检索经过同行评议的英文期刊论文。《佛罗伦萨宪章》指出，历史园林"适用于不论是正规的，还是风景的小园林和大公园"。因此，将历史园林或历史公园（historic garden or historic park）作为关键词。通过预检索与专家咨询，选定"复建"（restoration）、"修复"（rehabilitation）、"重建"（reconstruction）、"革新"（revitalization）和"复兴"（renovation）等近义词来涵盖复建概念。通过关键词检索、文献阅读和内容筛选，得到入选文献36篇。最后，选取作者、发表年份、研究案例、案例所面临的挑战、复建概念、复建标准与依据、复建方法，以及复建效果等内容进行信息提取与系统分析，并探索文献背后的内涵与规律。

二、研究内容

（一）研究概述

首先，历史园林复建研究整体发展较慢，但由于研究对象的拓展与研究方法的优化，2012年以后发展有所提速。其次，该研究领域具有全球性。来自亚洲、美洲、欧洲、大洋洲20个国家的案例被36篇文献所研究，其中英国（6篇）、美国（3篇）、加拿大（3篇）、俄罗斯（3篇）、伊朗（2篇）等国家的相关文献较多，展现了这些国家较为先进的复建研究水平。近5年韩国、波兰、墨西哥等国家的研究案例开始出现，说明该研究领域正在全球拓展。最后，通过文献归类分析发现历史园林复建的定义与内涵、历史园林面临的问题与挑战、复建标准与依据、复建方法，以及复建效果5个主要研究领域的文献数量分别为8、30、27、34和20篇。其中的30篇文献关注了3个以上研究领域，说明各研究领域间联系紧密。

（二）历史园林复建的定义与内涵

8篇文献从复建目标、观点、方法与内容等方面对历史园林相关概念进行了阐述与对比。首先，"复建"与"重建"都以恢复园林历史风貌为目标，但"复建"更加严谨。博米尔（Burmil）认为复建工程应当依据历史文献并采用原有材质进行，园林景观与功能都应保持原状。相反，"重建"则允许大规模的实体改建与功能革新，历史要素与原真性往往被忽视。因此，鲁宾和拉考尼斯（Rubene&Lā auniece）将"重建"定义为"复建"的极端形式。其次，"复兴""革新""修复"主要以维护历史园林现状为目标，注重功能更新多于实体修复。"复兴"提倡原有功能的恢复与提升，"革新"则注重更新园林功能以适应社会需求，而"修复"含义广泛，既包含对原有功能的保护，又包含新功能的引入。同时，学术界对部分定义内涵存在分歧。例如，霍尔布鲁克斯（Halbrooks）认为应当去除不属于复建目标时段的园林要素以突显特定时期的历史风貌，而这与《佛罗伦萨宪章》尊重园林发展过程的原则相违背。事实上，历史园林复建研究起步较晚，定义与内涵还不清晰，这既是历史园林复建的特殊挑战，也是未来研究发展的方向。

（三）历史园林面临的问题与挑战

现状问题与挑战分析是历史园林复建的基础。共有 30 篇文献分析了历史园林所面临的物质损坏、生态衰退、功能失当与文化丧失等问题。物质损坏是历史园林面临的首要问题。首先，园林建筑与景观的损坏最为明显。匈牙利阿塞特和达岑克公园、巴基斯坦夏利马尔花园以及纳瑟里时期的伊朗园林等园林遗产多已沦为废墟。其次，基础设施老化使历史园林无法适应当代功能需求。交通系统的混乱阻碍了罗马尼亚伊丽莎白王宫花园休闲活动的开展，而给排水问题则影响了加拿大新渡纪念花园的景观效果。此外，园林空间扩张、空间缩小以及破碎化等空间结构的变化也削弱了园林的历史风貌。例如，立陶宛特拉库公园的空间变化改变了公园原貌，削弱了使用者对公园历史的感知。

主要由植物构成的历史园林对生态变化更为敏感，而植被破坏、生物多样性丧失、外来物种入侵等生态问题则是其面临的重大挑战。例如，墨西哥博达花园疏于乡土树种管理，导致 19 世纪的园林植被难以再现。英国布莱尼姆公园的古代橡木林被悬铃木种植工程所取代，成为自然保护的棘手问题。同时，污染问题对历史园林的负面影响不容忽视，博米尔研究发现空气污染会给园林植被带来持续性损害。廷普森和曼丽（Timpson&Manley）发现接近伦敦交通重污染区是卡蒂沙克花园生态退化的主要原因。

功能失当表现为园林功能异化、过度使用以及园林中的犯罪行为。不恰当的功能转换导致历史园林功能异化。例如，伊朗埃尔戈利花园被改造为主题娱乐公园，减弱了原有纪念公园的氛围。历史园林的功能转换大多出于旅游产业发展的驱动，而过多的游客给历史园林带来了极大的承载压力，导致环境与设施被破坏。更糟糕的是，历史园林中还存在犯罪行为。例如，英国园林中的偷窃事件、加拿大克利夫公园的毒品贩卖与卖淫行为为历史园林增添了社会问题。

文化丧失将会导致历史园林原真性表达与理解的偏差。后藤（Goto）在对美国日式漫步花园的调查中发现，该园林虽然景观环境保存完好，但缺乏日本节化精神，应被视为文化废墟。同时，物质损坏与功能失当都会导致园林历史记忆的丧失。瓦赫瓦格和东格尔（Wahurwagh&Dongre）感慨于印度布兰普尔历史园林的衰败，认为由于记忆丢失，当前的园林只是继承了历史园林的名称而已。

（四）历史园林复建的标准与依据

历史园林复建的标准与依据决定了复建的方向。通过对27篇文献的梳理，可以将复建标准分为2类，即以历史风貌恢复为目标的历史复原论和以可持续发展为目标的发展导向论。历史复原论者认为园林复建应以历史风貌的准确性与历史价值的完整性为标准，避免用后人的想象替代客观事实。学者们重视实地调研与文献研究以获得翔实的复建依据。园址的考古学、地形学调查与水系、植被分析常见于复建论证之初，遥感航拍与激光测绘技术的应用更加深了学者对遗址的了解。文献资料也是园林复建的重要依据。设计原稿、历史照片、历史档案等官方记录以及绘画、诗歌、居民口头记述、书信等民间资料均作为历史佐证被予以采信与参考。除了调查历史园林本身之外，塞尔斯（Sales）指出法规条例与遗产保护宪章是园林复建的重要参考，德维基尼（Deveikiene）认为原设计师生平与相关作品研究对园林复建也具有借鉴意义。

发展导向论者认为完全依照历史风貌进行刻板复建并不现实，在继承历史精神与风格的基础上，复建更应考虑园林当代功能的适应性与未来的可持续发展。因此，复建依据不仅包括对园林历史的调研资料，也关注当代社会环境情况。区域空间演变历程与土地利用分析可以帮助历史园林更好地融入城市发展，从而实现遗产活化利用。例如，韩国广寒楼苑复建中分析了20世纪以来园林的周边空间与城市区域变迁情况，进而拟定了园林未来建设发展方案。历史园林的未来发展还需适应当代使用者的需求。因此，园林使用者行为分析、旅游市场发展报告、园林功能分析等也被作为复建依据。例如，加拿大克利夫公园详细调研了公园使用者日常行为规律，以便更好地满足游客需求；波兰耶莱尼亚古拉山谷则依据当地旅游市场发展拟定复兴计划，实现历史园林经济与品牌效益的提升。

（五）历史园林复建方法

历史园林复建的方法是多维度的。作为园林复建的核心内容，34篇文献从实体修复、生态修复、功能更新和文化活化等方面进行了研究。

对历史园林的空间结构、建筑、基础设施等实体进行修复是园林复建的基础。首先，研究者对园林空间结构修复存在分歧。部分学者认为园林空间需要恢复到历史原态来体现设计初衷，另一些学者则认为园林空间需要适应当代功能而进行优化。其次，对于建筑与景观复建也有争论。恢复已损毁的景观是园林复建的常见做法，例如，圣彼得堡夏宫根据原有图纸与考古线索恢复了彼得大帝时期的园林景观。然而，实践也表明引入新建筑可以提升园林功能与风貌。英国阿尼克花园通过新建游客中心与特色树屋来吸引旅游者。而厄里斯和希绍（Sisa&Örsi）、托特和费利安科夫（Tóth&Feriancová）则认为应该去除与历史无关的构筑物来突出原真性。再次，对于景观小品、交通系统、给排水系统等基础设施的改造与完善得到普遍认可。最后，园林复建中景观美观度的提升也被提及。例如，美国曼尼托加公园复建中，设计师对颜色、光线、材质等设计要素加以考虑，从而提升游客的感知体验。

历史园林对于生态保护有着重要意义，对现有植被进行持续管理以及保护濒危植物是园林生态修复的重要工作。例如，俄罗斯帕夫洛夫斯克公园颁布法令对濒危植被破坏行为给予处罚。部分学者研究了乡土植被的恢复实践，认为其有助于增强群落稳定性、重塑原有园林空间结构并改善小气候。学者对修复中是否应引入外来植被存在分歧，其被认为既有美化园林的作用，又可能影响现有生态结构，并削弱原有设计意图。此外，生态科技也被运用于园林复建与保护，例如，美国拉波萨达的历史园林复建中引入了太阳能设施，以便冬季植被的维护管理。

当代历史园林的使用功能变化显著，原有封闭与单一的功能空间不复存在。因此，历史园林复建中更多考虑的是如何服务于当地社群与旅游业发展。一方面，历史园林应该发挥公共空间作用来服务当地居民，高和迪齐泽什德瓦恩（Gao&Dietze-schirdewahn）认为历史园林复建应该维系园林与居民的联系；另一方面，历史园林也是重要的旅游资源，通过园林复建来促进旅游业发展的现象十分常见。为打造"花园山谷"旅游品牌，波兰耶莱尼亚古拉山谷在复建中引入了纪念品商店、餐厅和酒店等旅游设施；韩国广寒楼苑也拟定了空间与功能更新计划来打造旅游胜地。

文化活化同样应融入历史园林的可持续发展。首先，学者强调历史园林场所精神与历史文脉的再现。例如，英国卡蒂沙克花园重建历史建筑并展示其背后的故事，再现了园林历史文化。其次，博物馆、艺术展厅等文化机构的设立可以加深人们对文化的理解。例如，俄罗斯科萨里西诺公园将宫殿转变为多功能展厅来展示园林历史文化的变迁。最后，组织民俗活动、节庆表演等文化活动是活化园林文化的重要手段，例如，美国大烟雾山公园组织历史节庆与传统手工艺表演来展示地方民俗。这些活动增强了公众对历史园林文化的直观感知，有助于历史园林复建活动获得民众支持。

（六）历史园林复建效果

复建效果是历史园林复建实践的最终评价标准。共有20篇文献对历史园林复建进行了效果评价，其中9篇认为园林复建取得了积极的效果，6篇认为园林复建效果不佳，4篇采取了辩证的态度看待复建成效，1篇认为园林复建效果需要长时间的观察才能得出结论。

　　持正面评价的学者认为园林复建实现了恢复景观风貌、促进生态恢复、推动经济发展、促进园林功能完善，以及提升社会声誉的目的。首先，历史园林复建实现了恢复园林景观风貌的初衷，优化了园林空间结构、建筑与基础设施。其次，园林复建改善了区域生态环境，例如，德国伊尔姆河畔公园将周边森林与草地纳入复建规划，实现了保护地区生态与生物多样性的目的。再次，许多学者将经济发展视为历史园林复建成功与否的评价要素。英国阿尼克花园、德国克利夫斯历史公园、韩国广寒楼苑等历史园林在复建后均产生了较高的经济效益。此外，部分学者认为历史园林复建对园林功能的完善也起到了积极作用。沙普利（Sharpley）认为复建后的英国阿尼克花园已成为人们社交、教育与娱乐的理想空间。最后，社会声誉的提升也与历史园林复建关系密切。例如，丘吉尔公园的成功复建为加拿大历史园林保护提供了可借鉴的范本。

　　对于历史园林复建的负面评价主要源于原真性丧失与生态破坏两个方面。部分学者认为经济利益驱动与以"复建"名义进行的非理性开发导致园林历史价值丧失。例如，伊朗艾拉姆天堂园修复工程因引入过多外来植物，改变原有种植设计风格而受到批评。原真性问题不仅影响园林景观风貌，同样会导致文化异化。后藤调查境外日本园林发现，复建错误不仅导致文化误解，甚至影响种族与社群关系。复建不当同样会带来生态问题，例如，生态入侵与病虫害等问题出现在美国曼尼托加公园的复建过程中，从而有悖于公园生态化设计的初衷。

　　部分学者对历史园林复建的效果持辩证态度。旅游业发展对遗产保护来说是一把双刃剑。学者既承认旅游业带来的经济与社会效益，也认为旅游业会对园林历史风貌与居民生活产生不良影响。例如，俄罗斯科萨里西诺公园的旅游业发展在打造地区标志与城市品牌的同时，改变了园林的景观特色以及居民传统生活方式。景观美感度与历史原真性的权衡决定了复建的评判标准。波兰耶莱尼亚古拉山谷的景观美感提升被视为复建的亮点，然而也被认为因修饰得过于美丽而显得失真；科萨里西诺公园复建的园林艺术受到市民的称赞，但历史学家却认为堆砌仿制艺术品缺少历史氛围；此外，霍尔布鲁克斯认为英国斯坦海威花园的复建效果需要留待时间检验，不宜轻易下结论。

三、结论与讨论

通过文献梳理，发现第一，历史园林复建涉及景观复原与功能更新等多个方面，概念内涵丰富且存在理解差异。第二，历史园林面临着生态、社会、文化等综合性挑战，而科学分析现状问题是园林复建的基础。第三，实践中主要基于历史风貌恢复和遗产可持续发展的目的设定园林复建标准，详细的基址调研、全方位的文献收集、综合性的环境研究以及使用者行为分析都是园林复建的重要依据。第四，复建方法被归纳为实体修复、生态修复、功能更新和文化活化4类，成功的园林复建在于方法的综合应用。第五，园林复建效果存在争议，复建理论与方法的差异可能产生不同的复建效果及评价。可见，历史园林复建充满了多样性与不确定性。然而，综述的目的并非展示这种复杂的状况，而是在探寻园林复建特征基础上为未来实践带来启发。因此，研究将从价值评判、活态特征、整体视角和动态变化4个方面对园林复建原则展开讨论，以期为我国历史园林传承发展提供参考。

（一）价值评判

历史园林复建问题常源于价值评判失当。因此，科学全面的价值评判既是园林复建的重要挑战，也是其复建实践的首要任务。作为文化遗产，英国遗产组织将其价值分为实证价值、历史价值、美学价值和共有价值4类；作为市政资源，历史园林的生态价值，以及促进城市融合与可持续发展、激发经济活力的价值也为学者所称道。然而，还应关注历史园林对使用者的意义。奥斯顿（Auston）分析了园林复建中常见的价值观冲突，批判了脱离社群讨论园林价值的现象，强调价值评判必须针对使用人群具体分析。例如，哈伯德（Hubbard）发现学术界对历史原真性争论不休，但旅游者却并不在意；

高和迪齐泽什德瓦恩发现历史园林主人并不看重园林的历史、美学与生态价值，他们珍爱的是园林给予的自由体验。可见，历史园林的价值评判应当从主客观、多维度进行分析，既全面地反映历史园林特点，又能够让利益相关方表达个性化的价值观点与诉求，为园林复建打下良好基础。

（二）活态特征

活态特征是历史园林遗产的主要特点。四季轮回，草木枯荣，园林自然要素时刻变化，赋予园林独特的魅力；同时，园林植物可以减轻污染、调节小气候，也对人们的健康恢复与压力缓解有所裨益。然而，历史园林的活态特征也增加了复建的难度。首先，园林植物不断生长，较难进行准确的绘图与记录，也难以进行完全的复原；其次，园林植物在面对污染、病虫害与生态入侵时更为敏感，需要在复建后进行持续维护。历史园林被称为"第三自然"，其复建不仅要体现自然魅力与特色，也要考虑生态效益的发挥。活态特征的表达使其他类型遗产复建的经验在历史园林中不完全适用。亨特质疑园林植被修复中的原真性原则，认为只要景观生态效果良好，不必刻板地应用原有植被，而应当重视植被生命力的保持与长期的生态效益。

（三）整体视角

尽管历史园林是经济、社会、文化等多方面要素共同造就的产物，但其仍应被视为具有综合价值的整体加以看待。正如雅克的生动比喻"修复城墙的重点是城墙整体，而不是其中的每一块砖"，历史园林复建的目的并不是园林某一方面价值的提升，而是其综合价值的实现。综述中人们关于历史原真性的探讨、复建效果的差异以及旅游业发展利弊的讨论，往往反映出基于单一视角的价值取向，而这并无益于历史园林的可持续发展。例如，追求经济效益而导致精神内涵的弱化、重视生态保护而减弱了地域历史文脉，这种矛盾普遍存在于实践中。事实上，每种复建理论与方法都存在自身的利弊，而复建的关键就是能够从整体利益出发，因地制宜、趋利避害地加以应用。而这种整体视角的获得依赖于前述讨论中提到的对园林价值与特征的全面理解，也依赖于融入城市规划的宏观思维、广泛的公众参与、多学科专家的智力支持以及详尽的现场调研。

（四）动态变化

动态变化是历史园林的本质特征之一，它不仅仅体现在自然要素的季节轮回中，也同样反映在不同园主对园林的修建改造中。此外，使用者行为变化、社会环境变迁都持续影响着园林的发展。历史园林的动态变化使其不同于其他遗产能够找到特定时间点作为复建参照，而更多的是一种管理变化的艺术。塞尔斯认为园林复建是长期持续的过程，需要不断改进管理方法来保持园林与时俱进。同时，园林的动态变化不仅体现在历史进程中，也应当面向未来，而园林复建就是从历史走向未来的关键。从这个意义上说，在不破坏历史风貌的基础上，园林复建中适当地引入新要素与功能也是值得认可的。卡尔南（Calnan）认为小规模的创新在园林复建中必不可少。例如，圣彼得堡夏宫复建中加入了视频展示设备、无线网络与现代博物馆等当代要素，起到了增进人们对园林历史理解的作用。因此，动态变化不应仅被视为一种挑战与问题，而更应被看作展现历史园林特点与魅力的机遇，使其在变化中更好地适应未来发展。

第四节　中国古典园林的主题分析

作为人类文明遗产之一的中国古典园林，被称作世界园林之母，更是世界上的艺术奇观。西方国外许多国家都曾借鉴过我国古典园林的造林手法，随之而来的就是中国园林热潮。经过几千年的发展，我国的古典园林已经变得成熟且富有魅力，作为中华儿女，我们应该明晰中国古典园林的主题并为之传承和发展做出贡献。

我国的古典园林中蕴含了我国古代劳动人民的集体智慧以及深厚的中华文化，更代表了民族的内在精神和品格。中国古典园林具有丰富的文化底蕴和鲜明的个性，多姿多彩，极具魅力，更是世界文化遗产中一颗璀璨的明珠。

一、中国古典园林概述及其起源

何为中国古典园林？一般情况下江南私家园林和北方的国家园林代表的中国山水园林形势就是中国古典园林艺术。在我国的传统建筑中，古典园林可谓独一无二的存在，具有重大的建筑成就，被世界认为是"园林之母"，艺术奇观，更是全人类文明的重要遗产。我国的造园艺术，讲究的是追求自然精神境界，这不仅仅是设计理念更是造园的追求和目的，更多强调人与大自然之间的关系。

中国古典园林的起源。我国古典园林经历了五千多年的发展，自成体系，是世界建筑史上的奇迹更是珍品，在其发展中经历了以下几个阶段：

（1）商周时期：在可以查找到的典籍之中，我国古典园林的源头应是商周时期，当时商纣王以及周文王都建有游囿。天子和诸侯都拥有自己的囿，但是其范围和规格在等级上都有差别，也就是所谓的"天子百里，诸侯四十"。

（2）秦汉时期：历史上著名的阿房宫就是由秦始皇兴建的大型园林，但是由于其不切实际的规划使得工程难以进行。在汉朝时期，兴建了苑，是在秦朝的基础上把早期的游囿进行了改造，还增添了朝贺和处理朝政的作用。

（3）魏晋南北朝时期：作为我国发展历史上的一个重要发展时期，魏晋南北朝不仅经济发展态势良好，在文化方面更是达到了巅峰。尤其是在士大夫阶层中更是出现了追求自然环境之美的浪潮，因此呈现出了由树木或者灌木、小桥流水以及山石所构成的山水田园形势的园林。随着文化的进一步发展，我国的造林艺术走向了山水写意的园林阶段。

（4）隋唐时期：隋朝结束了魏晋南北朝后期的战乱状态，社会经济重现繁荣。另外，隋炀帝好大喜功，骄奢淫逸，因此园林建造成为当时社会的热点。到了唐太宗时已经进入了盛唐时代，因此宫廷御苑的设计更为精致，造园手法和技巧更是达到了炉火纯青的地步，出现了"禁殿苑、东都苑"等等。

（5）宋元时期：到了宋元时期园林建造更加兴盛，尤其是在石料的运用方面得到了进一步的发展。在宋徽宗时期有"丰亨豫大"的口号，在当时的情形下大兴土木成为主要内容，更是有专门收集奇花异石的机构。除此之外，许多文人、画家也投身于园林建造之中，更是推动了山水园林的创作。

（6）明清时期：营造园林在明清时期更是达到了巅峰状态，就皇家园林来说在康熙和乾隆时呈现出鼎盛状态，经济的发展为营造园林带来了坚实的物质基础。

二、古典园林的特点和主题

古典园林经历了漫长的发展，因此形成了自身特色。在对中国古典园林的研究之后，归纳总结出其以下特点和主题：

自然山水。古典园林的建造是不能孤立于大自然存在的，加之中国古人讲求"天人合一"，因此中国古典园林与自然风景实现了无缝衔接。自然风景是以山水、地貌作为基础，再配合植被作为装饰。中国园林并不是对大自然的简单模仿，其中注入了设计者、建造者一系列工作人员的心血，对大自然中的景物进行了有意识的改造、调整和加工等，将大自然进行凝练及精准的概括。中国古典园林包含了"静观和动观"，在总体上更是饱含着诗情画意。在这种特点下的古典园林在进行空间组合时选择了亭、榭等进行搭配，能够让风景与建筑完美地糅合在一起。优秀的园林作品少不了建筑，但是却能够充满生机，明朝和清朝的园林正是这一特点和造林主题的具体表现。在清朝末期的时候由于内忧外患的存在，我国的文化停滞不前，外来文化更是强势入侵我国，导致园林创作从兴盛转入衰落。虽然园林的创作已经停滞，但是其成就达到了最高点，受到了西方各国的推崇和模仿，也使得我国的园林艺术在世界各国之间广为流传。

建筑风格。不论是我国的古典园林还是西方的古典园林讲求的都是因地制宜、与自然的完美契合，打造富于自然风趣的建筑，将自然艺术进行再现和发展。我国的古典园林主要分为北方派、江南派、岭南派三种类型。

北方派以北京为主要代表，主要组成部分就是皇家园林，其主题就是宏伟、气势磅礴、建筑体态端庄，用色大胆绚丽，充分显示了皇家的雍容华贵，体现了皇家的威风和富贵的仪态。主要的代表作为颐和园、承德避暑山庄等。

南方派的代表就是苏州园林，通常情况下是私家园林，虽然面积小但是设备齐全，可谓"麻雀虽小，五脏俱全"，其造园的主题就是追求潇洒活泼、玲珑素雅，富有江南水乡的特点，追求自然美，将大自然与山水画中的美景结合起来。

岭南派以广东园林为主，融合了北方派的稳重、富丽堂皇以及南方派的精致、素雅，更是在一定程度上借鉴了国外的造林手法，形成了独树一帜的风格，可以从广州越秀公园和杭州西湖中看出来。

艺术风格。中国古典园林在进行造园时的主题就是"天人合一"，受到了中国风水学的影响。中国古代讲求"师法自然"即充分与自然所契合，将人工与自然进行融合。大自然的鬼斧神工与人类的精湛技术相结合，体现人的自然化和自然化的人，打造自然山水型的园林美景。

三、文化特色下的造园主题

中国园林的营造受到了审美文化、民族文化、艺术文化的影响。中国园林在进行设计和建造时是将大自然作为基础的，以曲折流水、层峦叠嶂、幽深洞穴等作为搭配，把建筑物和大自然进行荟萃，借景抒情，把设计者和建造者的感情融入园林之中，从园林的景物之中就能够看出来设计者和建造者的志向。在民族文化方面，中国古典园林充分展现了中华民族的端庄、含蓄等内敛的优秀品格，使得人们可以纵情于山水之中，感受自然之美。

中国古典园林在建造中有三个境界，即生境、画境和意境。所谓生境就是自然之美，虽然是由人创造的但是需要达到与大自然浑然天成的境界。要以大自然的山水为模板融入人的感情，打造出园林经典作品。中国古典园林真是如此，始终以"天人合一，师法自然"为主题，将大自然的魅力与美丽展现得淋漓尽致，在发展的过程中又加入诗情画意的主题，使得园林更为灵动。园林是封闭的但是里面所蕴含的感情却是丰富的。在艺术文化方面，园林在进行布置的时候需要山、池、房屋、假山等的排列组合，更进一步表现自己的感情。

中国古典园林作为中华民族的艺术瑰宝，是中国古典劳动人民智慧的结晶，更是当代园工作者可以借鉴的优秀模板。只有在对古典园林主题的深刻理解之后才能够体味到古典园林设计者、建造者心中的感情和古典园林自身的文化之美、韵味之美，才能够在此基础上继承和弘扬。但是在建造园林时必须充分尊重大自然，做到人与自然和谐相处，建筑物与自然的完美融合。了解中国古典园林之美，为其美而感叹！

第二章 园林艺术研究

第一节 试析园林艺术的美学特征

我国园林艺术在世界文化范畴中独具特色，属于和我国传统文化共同发展的一门艺术，也是我国优秀传统文化的核心部分之一。我国园林艺术经过2000多年的发展和沉淀，有着非常丰富的美学内涵。本节结合理论实践，对园林艺术的美学他特性做了如下分析。

园林是一个非常复杂的综合体，既是一门学科，也是一种艺术，因此，很多专家学者认为园林主要作为一个四维空间艺术品来为游客提供更加美好的精神享受。因此，可以从艺术的角度，来对园林蕴含的美学特征进行分析研究，以便人们更加深入全面地认识园林艺术。不同种类的艺术，都具有其独特的美学特征，对园林艺术而言，其蕴含的美学特征主要体现在以下几个方面：

一、自然美

中西方在园林艺术形式上存在本质区别，西方园林艺术更加侧向于人工美，比如：在园林布局上讲究对称性和严谨性，主要呈现一种几何美，在园林新建和改造上也主要立足于人为干预。而我国的园林艺术，更加倾向于自然美，不要求园林对称，也没有任何规律规则可言。主要呈现环山抱水，蜿蜒曲折。不但园林中的花草树木都可以其原来状态生长，而且园林建筑建筑也更加顺应自然，在新建和改造中，力求达到虽由人作，宛如天开的目的。

我国园林在建造中，主要寻找自然界中能和人的审美心情相互契合，并能引发共鸣的园林景观。我国对自然美的追求可追溯到魏晋南北朝，那时很多文人墨客寄情于山水中，认为山河湖海中普遍蕴含着非常丰富的自然美。

二、意境美

由于中西方对上自然美的认知度不同，因此，在园林艺术和美学特征上的追求也不尽相同，比如：西方园林虽然缺乏优美恬静的诗意，但刻意追求的却是形式美。而我国园林在建造过程中，虽然也比较重视形式，但更加追求的是一种意境美。我国园林建造中，非常注重情景交融，景物属于自然物质的范畴，但衡量景美的标准却是人的情感和思维，从而赋予园林诗情画意般的意境。导致中西园林差异如此巨大的主要原因是造园的文化背景不同。我国古代并无专门的造园家，在造园中主要受到文人墨客、诗人画家的启发，众所周知诗画都比较侧重于对意境的追求，从而导致我国园林长久以来一直都带有浓厚的情感色彩，因此，在园林建造中，主要遵循"景无情不发，情无景不生"的宗旨，这一点很好地诠释了我国园林艺术意境美的特征。

三、艺术美

艺术美、自然美、意境美、生活美是人们可以至关感受的四大美学特征，而普通的艺术如绘画、音乐、歌剧等，往往只有艺术美，是一种由艺术家创造的美学内容。而园林中可以同时具有多种美学特征。比如：在一个园林中，不但可以包含青山绿水、莺歌燕舞，还可以包含鹰击长空、鱼翔浅底等，可以营造出一种生意盎然的自然美。通常情况下，在园林中人们还可以进行品茗、对弈、抚琴、打太极、读书、练字、吟诗作对等，从而营造一种具有浓厚生活气息的环境。

四、双重美

无论何种艺术总是社会生活的真实反映，反映生活方式不同，艺术的表现形式也各不相同，就园林艺术而言，根据反映生活方式的不同可分为两种艺术，一种是表现艺术，另一种是再现艺术。其中后者是现实生活的真实写照；而前者并不直接是现实生活的真实形象，是艺术家感受生活后的一种情绪、认知、思考等。园林可浓缩和再现青山绿水，因此，其具有比较明显的再现艺术。除此之外，某些园林建造者通过一些景物来展现某些秉性和品格，从而向更多的人展现自己的情操和志向，比如：我国很多南方园林中种植了很多竹子，这并非为了再现竹子的外形美，而是借助竹子来展示造园者高风亮节、居高不傲的意志和志向。

五、融合美

在一个园林中往往可以融合多种艺术，如：盆景花木栽培技术、雕刻造型艺术、植物配置艺术等，和建筑艺术相关的有门两边柱上的楹联、横梁彩绘、大理石屏风等。多种艺术通过合理的布置方式，融入园林中，就形成了一种融合多种艺术的美。在园林建造中园艺师、画家、书法家、建筑师、诗人、画家等可以尽情地展现自己的才华，从而把他们对艺术的理解淋漓极致地展现出来，不但丰富了园林的美学特征，而且大幅度提升了园林的美学价值，为游客提供更加多样化的精神享受。

六、多样美

园林中书法、绘画、雕塑等艺术都可以通过视觉来感知其独特的艺术，而音乐则可以为人们营造一种听觉的艺术享受。艺术不仅仅限制在眼睛看到的事物，听到的事物也有很多艺术品。而园林艺术和歌剧艺术、绘画艺术等最大的不同是，园林艺术可以通过人的视觉、听觉、触觉、感觉、嗅觉等途径来感染游客，这一点也是园林被称为"四维空间艺术品"的主要原因。园林建造师通过融合、配置、提炼、拔高等方法，将园林打造成一幅优美的画卷，其中包括莺歌燕语、溪涧飞瀑、雨大芭蕉、鸟语花香等内容，从而为游客提供一种听、看、嗅、触摸、闻等艺术美。

综上所述，本节结合理论实践，分析了园林艺术的美学特征，分析结果表明，园林建造既是一门技术，更是一门艺术，涉及的美学特征包括自然美、意境美、艺术美、双重美、融合美、多样美等。每个园林都具有其独特艺术和美学特征，既是历史发展的主要体现，也是一座城市文化、风俗习惯的真实写照。园林艺术的美学特征和其他任何一种艺术都有极大区别，是一种综合性非常强的艺术。

第二节　儒家文化圈园林艺术探微

文化圈这个概念最初是由德国人类传播学家莱奥·弗雷贝纽斯提出的。文化圈是一个空间范围，在这个空间内分布着一些彼此相关的文化丛或文化群。纵观世界历史，全球共有三个影响力极大的文化圈，它们分别是基督教文化圈、伊斯兰教文化圈和儒家文化圈。也有学者认为儒家文化圈是以儒家文化构建基础社会的区域的统称。儒家文化以"仁""礼""智""孝""中庸"为核心内容。曾光光在《近代以来儒家文化圈的裂变与走向》一文中认为："儒家文化圈是指深受儒家文化影响，曾以儒家文化构建基础社会，至今仍然保留了儒家文化的主要或部分文化传统的区域的统称。在近代以前，儒家文化圈主要包含中国、日本、朝鲜、越南等国。"① 先秦时期，诸子百家争鸣，儒家学派便是其中重要学派之一。后经孟子、荀子等人的发展，儒学逐渐走向成熟。汉武帝采用董仲舒"罢黜百家，独尊儒术"的建议，儒家思想上升为国家思想，随后汉朝进入儒家社会。儒家文化是指以儒家思想为指导的文化

---

① 曾光光.近代以来儒家文化圈的裂变与走向［J］.云南社会科学，2013（5）：168.

流派。在接下来的两千多年里，儒家文化逐渐传播至中国周边国家，包括朝鲜、韩国、日本、越南和琉球（现属日本冲绳县）等地区。他们使用汉字，崇尚儒学，逐渐形成了儒家文化圈。儒家文化圈内各国的政治、经济、文化、教育和建筑等方面也较为相似。如：朝鲜汉城（今韩国首都首尔）的景福宫、日本京都的龙安寺、琉球的首里城、越南顺化皇陵等，都深受中国传统园林艺术"天人合一"造园理念的影响。本节将探讨儒家文化对于文化圈内各国园林建筑艺术的影响。

一、中国传统园林艺术的灵魂

汉武帝"罢黜百家，独尊儒术"后，儒家思想逐渐成为正统思想，其主张的"礼治、德治、人治"一直主导着中华文化的发展历程。儒家思想以"仁""礼""智""孝""中庸"为核心内容。"仁"是儒家思想的核心之一，孔子解释"仁"为"爱人"。"爱"是友爱、亲近之意，是一种大爱、博爱。儒家思想"礼"的核心内容是宗法伦理制度，《论语·颜渊》记载："非礼勿视，非礼勿听，非礼勿言，非礼勿动。""礼治"主张贵贱、尊卑、长幼有序，维护父权为中心的家族伦理关系和君权为中心的社会等级秩序。孔子《论语·雍也》曰："智者乐水，仁者乐山。智者动，仁者静。智者乐，仁者寿。"意思是：聪明人喜爱水，仁德之人喜爱山。聪明人好动，仁德之人沉静。聪明人快乐，仁德之人长寿。儒家思想将人的品性比德于自然山水，自然山水具有了人的"仁"和"智"的品性。即：山是"仁者"，水是"智者"。这里的"仁者"和"智者"不是一般的普通人，而是那些有修养的"君子"，也就是"君子比德于山，君子比德于水"。孔子以山水来比德，使人们从伦理道德的角度看到了自然山水的精神品质。后来儒家思想表现在园林艺术上就是"山水比德""君权等级"和"天人合一"的造园理念。董仲舒的《春秋繁露》记载的"以类合一，天人一也"可以理解为儒家的"天道""人道"合一。"天道"指自然界的运动变化规律，"人道"指人应该遵守的社会秩序规范。孔子认为人与自然是和谐统一的，是相通的，人与天地万物是紧密联系的，所以中国传统园林艺术讲究取材于自然，而高于自然。一是以自然的山、水、地貌为基础，用艺术的眼光能动地对自然景物加以改造和加工，再现符合人们审美价值的自然之景。二是追求人与自然的完美结合，达到人与自然的高度和谐，即"天人合一"的境界。三是在园林艺术中注入儒家文化特有的书法艺术形式，如匾额、楹联、碑刻和绘画艺术等，它们起到的不仅仅是装饰的作用，更能深化园林的意境。① 唐代大诗人兼画家的王维在建造自家别墅的过程中，寄情山水，托物言志，创造了唐宋园林艺术的代表作——辋川别业，这是一片拥有林泉之胜、因地而建的天然园林。此外，东晋王羲之等人也在《兰亭集序》中提出了"曲水流觞"的园林建造思想，后人在此基础上开创了"叠山理水"的技法，也为后世的山水画发展开辟了新的方向。

历代帝王多会设置许多苑囿供其进行各种活动，如起居、宴请、祭祀、举行朝会等等。从汉代的上林苑、唐代的御苑、宋代的艮岳、明代的北京故宫，到清代的圆明园、颐和园，莫不如此。除了皇家园林，还有江南的私家园林，都体现了"天人合一"的儒家思想。

被誉为中国皇家园林博物馆的颐和园建于 1750 年，是清朝帝王的行宫。颐和园是在昆明湖和万寿山的基址上，以杭州西湖风景为蓝本，同时又汲取了江南私家园林的一些造园方法，建成的一座天然山水园。颐和园是我国古代"叠山理水"造园方法的典型代表。何谓"叠山法"？叠山法是运用土石营造小尺度的峰峦沟壑、悬崖峭壁，如此形成的山景给人一种峰回路转的感觉；同时，对山形进行改造，形成完整的山形水系。何谓"理水法"？理水法是对自然河湖溪涧进行处理，形成湖河溪涧泉流的水体，并且以山石点缀为岸，河港岔道交错，表现了水面的平远辽阔和曲径通幽之感。颐和园引玉泉山之水，挖后溪河，建长堤河岛屿；以大报恩寺为中心，以佛香阁为标志性建筑。乾隆时期兴建的大报恩寺就体现了儒家思想中的"孝"，为了体现至高无上的皇权及礼制等级观念，大报恩寺采取严格的中轴贯通、左右对称的布局方式。以佛香阁为中心的建筑群从昆明湖北岸的中央码头开始，经云

---

① 杨箫凝.唐代王维辋川园林研究［D］.西安：西安建筑科技大学，2016.

辉玉宇牌楼、排云门、金水桥、排云殿、佛香阁等九个层次，层层上升，从水面到山顶构成一条垂直的中轴线，两边布局对称。昆明湖以筑堤的办法被分成小水面西湖、养水湖、南湖，每个湖中各有一岛，形成湖、堤、岛一个新的"一池三山"形式。"一池三山"是汉武帝首创，他在长安城修建了象征性的"瑶池三仙山"，此后这种山水格局就成为历代皇家园林的传统格局，至今已经传承了两千多年。

关于我国古代园林兴造的艺术理法，孟兆祯先生总结出以借景为核心的"明旨、问名、相地、借景、立意、布局、理微、余韵"八个方面。他认为，中国古典园林艺术中所追求的境界是"虽由人作，宛自天开"，是"天人合一"哲理的反映；反映在山水和地形、地貌景观上，主要有"君子比德于山、君子比德于水。智者乐水，仁者乐山。智者动，仁者静，智者乐，仁者寿"。由此可见，儒家思想中的"天人合一""山水比德"和"君权等级"等观点对我国古代园林艺术的影响。我国古代园林造园艺术对儒家文化圈内各国园林艺术也有着较为深远的影响。

二、儒家思想对儒家文化圈各国园林艺术的影响

（一）儒家"礼"制思想——上下尊卑的等级观

1. 景福宫是对明故宫的仿制

朝鲜历史上曾经为中国的藩属国，受儒家文化影响很深。朝鲜王朝以儒教治国，儒家思想注重"礼制"。景福宫是李氏朝鲜的正宫，也是其政治文化的中心。景福宫始建于明太祖洪武二十八年，得名自《诗经》"君子万年，介尔景福"。王宫的建造严格遵守相关规制，以丹青与中国故宫的黄色进行区分，因为黄色只有天子才可以使用，表明当时的朝鲜王朝作为藩属国要和明朝行君臣之礼。景福宫建筑群显示了儒家礼制的君臣关系、夫妻关系、嫡庶关系等在园林艺术上的体现。

景福宫不仅是李氏朝鲜时期皇族宫殿的代表，而且也是朝鲜园林建筑艺

术的代表。从园林的建筑技法上看，不论外形结构还是色彩造型，景福宫大体都是对明故宫的仿制。它的建筑风格不仅融合了朝鲜民族的文化特点，又与我国明代建筑颇为相似。景福宫的正门是光化门，东门为建春门，西门是迎秋门，北面是神武门，其匾额均用汉字书写，但光化门在抗美援朝战争中严重损毁。光化门重建后改用韩文，由韩国总统朴正熙亲自书写门匾。①景福宫的正殿是勤政殿，它是韩国最大的古代木质建筑，并且是当时朝鲜王朝举行仪式以及接受百官朝会的地方。②其地基明显高于其他宫殿，以此表现朝鲜王朝的君威。四面台阶按方向雕刻着东之青龙，西之白虎，南之朱雀，北之玄武。四象合于五行，且勤政殿主体为木质结构，其建筑理念符合"金、木、水、火、土"的五行太极阴阳说。此外按十二地支的形象分别雕有鼠、牛、虎、兔、龙、蛇、马、羊、猴、鸡、狗、猪，代表不同的年份。其边角雕有一只獬豸，基台中央雕有一只凤凰，象征着祥瑞。

2.首里城的"守礼之邦"

琉球王国（现属日本冲绳县），古名中山国。12世纪，琉球群岛出现山南、中山、山北三国，分别在琉球群岛的南部、中部和北部。它位于中国台湾省和日本九州之间。随着儒家文化影响的深入，琉球王国也成为儒家文化圈的一员。琉球跟朝鲜一样在历史上都曾是中国的藩属国，明朝灭亡后清朝继承明朝藩属制度，琉球接受清朝册封。1872年琉球国灭，1879年日本将其完全吞并，废藩置县，设冲绳县。其都城首里城是琉球王国政治和文化的中心。它的园林艺术融合了中国与日本的园林文化，以独特建筑样式以及高超的石砌技术显示出极高的艺术价值，被联合国教科文组织认定为世界文化遗产。

"首里城"音同"守礼城"，门匾上书"守礼之邦"四个汉字，表明了当地的民风淳朴。进入园内，其正殿以红色为主色调，大门面向西方，采用中国经典的唐式大门，布局完全依照当时明朝的紫禁城而建，有金龙盘旋于门柱之上，门梁上方绘有"二龙戏珠"纹样。在首里城的正殿内，上方牌匾为

---

① 方栋楚.异域溯源 文化寻踪［N］.美术报，2016-11-26(29).
② 徐艳文.宫殿与园林的完美结合：韩国景福宫的古建筑群［J］.中华建设，2015(8):41.

清朝康熙大帝所赐,上书"中山世土"四个汉字。但首里城有一个特殊现象,其正殿不是朝南而是朝西,这与中国"人君南面术"的传统文化完全不符。《周易·说卦》记载:"离也者,明也,万物皆相见,南方之卦也。圣人南面而听天下,向明而治,盖取诸此也。"意思是说,在八卦之中,离卦象征光明,当太阳处在正当中的位置时,照耀南方,使万物显明,这是代表南方的卦,所以帝王取法离卦,坐在北方,面对南方接见群臣,听取天下政务,象征着面对光明,治理天下。由此可见,古代君王都是坐北朝南的,称为"南面称王"或"南面称帝"。清代徐葆光在《中山传信录》中认为首里城出现这种现象是因为"山形殿址本南北向,由那霸至中山,从西冈上,故门皆西向"。

日本有学者认为首里城的正殿不是朝南,而是朝西,是"为了向中国表达忠顺的意思"。[①]这一论点的依据是因为中国在地理位置上处于琉球的西方。而琉球当地有观点认为坐东朝西是为了躲避台风。史料记载,明万历三十七年,朝鲜战争刚结束,日本自知吞并朝鲜无望,德川幕府遂派军攻占琉球首里城。而此前琉球已经作为明朝的藩属国接受册封,年年向明朝纳贡。尚宁王被日本人放回后修建了南北两殿分别接待中日的册封使。但是北殿的设施和规模明显高于南殿,以示琉球对明朝的忠诚。第二次世界大战末期美军在琉球登陆,战火烧至首里城内,首里城严重损毁。日本投降后琉球被美国托管,后又交还日本,然而矗立在那儿的园林建筑永远记录着那一段不堪回首的历史。可惜的是,2019 年 10 月 31 日"首里城"又毁于火灾。

(二)儒家"天人合一"的自然观

1."一池三山"

景福宫园内的荷花池建有三座人工岛屿,与中国"一池三山"的皇家园林造园传统一脉相承。庆会楼便建在人工岛上,这里是君王和大臣们举行宴会的场所。宫后御花园亦有一亭建在荷塘的人工岛上与之对应,其名为香远亭,取"香名远播"之意。然香远亭与前者相比却更富诗意。并且建造时借

---

① 阪仓笃秀,程尼娜.琉球王国的首里城［J］.史学集刊,2012(1):26.

鉴了中国苏州园林尤其是苏州拙政园的设计，将人工雕琢的山石完全融入自然之中，呈现出典型中国宫内后院的特点。

从景福宫的园林艺术风格可以看出，其建筑本体广泛采用木质结构，屋顶坡度缓和，而屋脊和檐端翘起，富有立体感。当时的朝鲜王朝全面吸收中国儒家文化，即使其园林曾遭受战争的毁坏，近现代重建的大部分园林依旧保留了中国传统园林的布局和建筑特点：一是取法自然，对客观存在的自然景色，依照匠人们对艺术的理解来改造园林，使之符合大众的审美需求；二是升华自然，匠人们用以假乱真的技法来重塑园林风貌，并且继承了中国传统的"叠山理水"手法，使之出于自然而高于自然；三是统筹兼顾，把园林中的景点和建筑看作一个整体来考虑，并因地制宜地结合自然环境，体现了"天人合一"的造园理念。

2. 借景——"枯山水"

日本从汉代起就受到中国文化的影响。早在《后汉书》中就有关于汉光武帝刘秀赐予倭国使者金印的记载。[①] 东晋时期，儒家学说传入日本。公元630年，舒明天皇开始派出大量遣唐使与唐朝交流，并不断学习中国文化，儒家思想在这一过程中不断影响着日本社会的各个方面。在这期间，日本造园技法深受唐宋山水园林的影响，一直保持着与中国园林相近的风格。其枯山水式的园林风格不仅是日式园林的一种形式，更是日本画的一种形式。"枯山水"的字面意思为"干枯的景观"或"干枯的山与水"。这种风格的典型代表是京都的龙安寺。艺术家用静态景物代替动态景物的想法，在今天看来也是独具匠心的。借景，是中国传统园林理法的核心，很明显"枯山水"便是借自然之宜，借石造景，用人工仿造自然山水风景。

与中国一样，日本也素有"无石不成园"的说法。回到日本龙安寺，石景是寺内主要景色，园林中的石景主要有4种表现类型：海景、石景矶、枯山水石景、石质园林小品。[②] 中国的园林设计元素是假山真水，"无水不成园"，

---

① 范晔，等. 后汉书 [M]. 北京：中华书局，1965.
② 张聪聪. "枯山水之迹象论"解析：以日本龙安寺为例 [J]. 美术大观，2014(8)：93.

而日本枯山水园林是个特例，匠人们用沙子取代水，用石头取代山，通过沙子勾勒出碧波荡漾的春水的轮廓，以静态表现动态之美。再者通过石头借石造景，将寺庙看成一幅洁白的画纸，通过沙子和石头的点缀，勾勒出一幅追求自然的写意水墨画，洁白的沙子铺满寺院，如同水墨画的留白，给人无限的遐想。可以说，龙安寺石景是借景的典范，体现了"叠山理水""天人合一"的造园理念。日本园林的建造思想在借鉴中国古典园林的基础上又根据自身环境、思想等不断发展，尤其是将中国传统水墨画的绘画技法融入园林设计的理念中，形成了富有岛国特色的枯山水园林。取"山水"之意，而用砂土和石头加以表现，实在是精妙。

3. "蓬莱三岛"

越南顺化皇城京城内的静心湖"蓬莱三岛"，也是典型的"一池三山"的布局形式。湖中有三个小岛名为蓬莱、方丈和瀛洲。由此可见，我国传统文化对越南的影响之深，居然连名字都是一模一样的。由于篇幅关系，这里不再展开论述。

（三）儒家"中庸"之伦理观

1. 中庸

儒家提倡中庸思想，所谓中庸，就是不偏不倚。孔子的《论语·先进》曰："过犹不及。"儒家认为中庸就是以"仁"为内在核心，以"礼"为外在形式，认为万事万物不可走极端，应该遵循中和之道。儒家的中庸思想体现在建筑上，就是居中的思想。《荀子·大略》曰："王者必居天下之中，礼也。"越南的"顺化皇城"是一座和北京故宫极为相似的建筑，仿佛是缩小版的故宫。皇城是中轴对称，"前朝后寝"，京城一共有三圈城墙，将京城划分为京城、皇城和紫禁城。皇帝的勤政殿一般用于举行重大典礼和召集文武官员，因此用最高建筑规格来建造，以体现皇权的至高无上。只有皇帝和皇后的寝宫在中轴线上，其他妃嫔分别住在两侧的宫殿。"顺化皇城"显示了儒家礼制和中庸思想在园林设计上所体现出来的君臣关系、夫妻关系、嫡庶关系。皇城规模宏大，气势恢宏，有非常明显的汉文化痕迹。午门进去便是一殿一广场渐进格局，两侧为廊宇、后宫、皇家花园。四个城门称午门、和平门、显仁门、章德门。"顺化皇城"也设置了太和殿、勤政殿、太庙、国子监、机密院、都察院等等。可见越南当时作为中国的藩属国也深受中国文化的影响。

2. "孝亲法祖"思想

"孝"是儒家思想的核心内容。孔子《论语·泰伯》曰："君子笃于亲，则民兴于仁。"《学而》云："入则孝，出则悌。"可以看出在孔子的思想观念中，"仁"是为人的根本，而"孝悌"则是"仁"的前提。人无"孝悌"之心，"仁""义""礼""智""信"之类道德精神就无法落实。儒家主张"孝亲法祖"，因此，会遵守严格的规制来制造宗庙陵墓来祭祀祖先圣贤。越南深受儒家文化的影响，如越南皇家园林中有几座园林是皇帝专门为奉养皇太后而建。例如：长生宫内的正殿名为"五代同堂殿"，从其正殿的命名就可以看出其受儒家思想的影响之深。

儒家思想以"仁""礼""孝"为核心，提倡礼制、天人合一、中庸，宣扬君权神授，体现在建筑上就有殿堂、宗庙、天坛、陵墓等。儒家提倡上下尊卑有序的等级观，体现在建筑上就有开间、形制、色彩、装饰等都应有所差别。儒家提倡天人合一的自然观，在建筑上就要表现为山水比德的园林艺术。儒家提倡孝亲法祖，体现在建筑上就有宗庙陵墓。而伴随着明朝海禁制度的松弛，中国人民的智慧深刻影响着儒家文化圈内的各个国家和地区。园林艺术的本质是创作者根据美的主观规律来改造客观环境，使之更自然更美丽、更符合人们的需求。在深受儒家思想熏陶的土地上，各具特色的园林艺术脱胎于自然的泥土，点缀在青山碧水之上。或为富丽堂皇的宫殿，或为曲径幽深的庙宇，抑或是历尽沧桑的昔日城郭，这一切是多么的伟大。

第三节 现代园林艺术中的植物配置

植物配置是将单一的或者是不同类型的植物，按照一定的原则和方法进行排列，组成新的植物群落。伴随着人们生活水平的提升，植物造景不只是人们审美情趣的反映，也包含了文化、艺术等多种功能的园林景观，研究园林中植物景观的配置已经成为园林工作者重要的工作内容。

一、园林艺术中植物配置的理念

自然和谐是现代园林艺术中植物配置的重要理念，指出需要按照自然发展的规律进行调整，尽可能减少对自然环境的人为干扰，从模仿自然朝着生态自然的方向发展。园林景观设计主要是为了保护并且恢复地域性景观，对人和自然的认识存在着差异，也造成了园林设计形式和内涵的差异。传统的园林景观设计主要是人对自然的作用，自然是重要的原材料，在相关理念的影响下，指出要借助人的力量去改变自然。

近几年来，生态系统出现了明显的退化，人们的生存环境也受到了较大影响，人们不再主导自然，而是自然界的一部分，这种观念的转变是现代园林景观设计思想发生较大变化的根本原因，是现代景观设计中强调"回归自然"的重要理念。

二、园林中植物品种选择的重要性

植物不只是具有漂亮的外表，还展现着一定的文化素养，在悠久的人类历史文化中，植物通过人们赋予的特殊象征意义，融进了人们的生活。现代园林建设中将重心放在了植物的开发和利用上，品种较为丰富，取材广泛，认识到植物的品种以及含义显得极为重要，在满足了植物生长情况以及园林艺术审美的基础之上，合理搭配各种类型的植物，打造出和谐、美观的园林景观。比如：松柏常年青翠被认为是吉祥的树种，松柏能够抵御严寒和干旱，所以很多园林建设过程中都会广泛栽种松柏。

此外，民间会更多使用"柏木"辟邪，"柏"的谐音是"百"，属于极数，很多都可以用百来涵盖所有。所以吉祥的图案主要是将柏和如意的图像进行搭配，展现出百事如意的含义，柏和橘子进行组合，利用"橘"和"吉"的谐音，有着百事大吉的韵味。将熟悉的品种和含义进行合理搭配，可以实现"景和情"完美结合的深刻含义。

三、园林艺术中植物配置的基本原则

现代植物配置不只是单一品种的堆砌，也不是植物个体，更多是强调植物造型空间，能够展现出当地自然景观群落的特点和整体的景观效果。现代植物配置设计过程中，需要坚持以下基本原则。

（一）自然和谐

联系地域性自然景观和人文景观的基本特点，根据当地的地形、地貌等，实现植物的优化配置，将植物群落的自然特征充分展现出来。

（二）经济适用

所有的设计都需要建立在经费的支撑之下，经济适用的设计涵盖范围更广，植物的选择尽可能在本地，植物配置要自然适宜，养护工作也要尽可能经济简便，养护管理工作不能耗费过多的时间和精力，经济适用和自然和谐两部分是相互影响的。

（三）变化多样

丰富的植物种类和多元化的植物群落，可以构成丰富的环境氛围，对生态平衡起到重要的推动作用。

（四）时空更替

利用植物生长以及植物群落演替的一般规律，园林景观会随着时间、季节和自身年龄发生变化，在搭配各类植物时，需要在时空变化等方面进行整体考虑。

四、植物造景的基本手法

（一）主次鲜明

要紧扣主题，明确主要树种，其他树种进行陪衬，有针对性地种植。在栽种过程中，需要联系当地的实际情况，按照地形差异，确定种植的疏密程度，园林绿化要尽可能自然，人工干预不要太突出。考虑到不同树木的色泽和形态，选择合适的搭配手法，构成多元化的意境，将丰富多彩的艺术享受充分展现出来。

（二）景色宜人

作物种类对环境的变化有着不同的影响，在植物造景过程中，需要联系植物的特点，或者一个季节突出一种景观，或者突出一种植物景观，确定背景和陪衬的树种，最大限度丰富植物景观，这样人们在不同的季节里就能够欣赏到不同景色。

（四）开放空间围而不闭

一般会利用围栏将园内的景观和园外的景观相透彻，进一步丰富整个城市的景观。现代公园提倡自然流畅、讲究大色块和大效果。在景观建设过程中重视景观的共享性，要将园林景观的效益充分展现出来。

综上所述，随着人们生活水平的提升和社会现代化进程的不断加快，园林植物的开发和利用已经成为现代园林发展过程中需要关注的问题点。植物造景包含了生态、文化等多种功能，对此，园林工作者需要对该项工作加以重视，要将园林植物材料的造景功能充分发挥出来，满足现代社会的发展要求，打造极具时代特点的园林景观。

第四节 园林艺术之美与家居环境的融合

随着我国经济的发展与人民生活水平的提升，人们对家居环境提出了更高的要求，也为室内设计行业带来新的发展机遇与挑战。现阶段室内设计的设计目的就是为住户提供一个舒适、理想的居住空间。而在家居环境的设计中，融合我国古典建筑设计的元素巧妙地做到室内设计的现代感与传统文化的有机融合。将园林艺术之美巧妙地融合到家居环境的设计中将极大提升家居环境的舒适度与艺术感。由园林艺术的角度出发，从园林设计的艺术内涵与设计手法两方面，阐述了园林艺术在现代家居环境设计中的应用，并对园林艺术之美与家居环境的融合提出了合理化的建议。

随着人们对居住环境的要求日渐提高，室内设计作为一项新兴学科飞快发展。但当前阶段，我国室内设计中也存在着一些问题，例如缺乏中国特色元素、室内家具与装饰品的位置安排不合理、整个设计缺乏主题与内涵等。因此，设计一个具有中华文化艺术元素、设计感突出、设计主题明确的室内装修风格是亟待解决的问题。中国传统建筑文化作为一笔千年传承的财富，如何在室内设计中加强传统文化的归属感是许多室内设计师考虑的问题。

园林艺术对装饰与景物进行了巧妙的安排，移步换景，变换巧妙，独具匠心。将园林文化科学地引入家居环境的设计中将一改现阶段我国室内设计主题空洞、元素单一、文化艺术感不强的状态，并进行了中国传统建筑文化的传承，对室内家居装饰行业而言具有极大的发展意义与文化意义。

园林艺术是人们为了满足生活需求，用双手建造景色的艺术。与其他建筑形式不同，园林艺术除了进行人工创造外，还融入了非常多的自然元素，比如河水、树木、草坪、山石等，使整个园林设计中保存了浓厚的自然气息。而由于人们对园林景色的喜爱有所差异加之我国各地域文化的不同，出现了各式各样的园林艺术。

中国古代园林艺术是所有园林艺术中发展时间最长的。早在农耕时期就出现了园林的雏形，而在魏晋南北朝时期初步确立了园林设计的美学思想，为中国园林艺术的发展奠定了基础。到了隋唐时期，园林艺术迎来了全面发展的鼎盛时期，园林艺术的特有艺术元素与风格特征已经成型，到了明清时期，又得到了进一步的升华。

我国古代园林大致可分为3类：皇家园林、私家园林、寺庙园林。皇家园林是古代皇室成员进行游玩的园林；私家园林主要由官员、贵族所有，主要是按照私人的喜好进行修建，因此园林风格更加多样化；寺庙园林即是为宗教活动的场所，具有宗教文化的元素。

我国的园林主要是以山水为题材的风景山水园，园林设计中都渗透着文人情怀与寄情山水的胸襟。园林通常以山水为设计基础，精心安排上门洞、绿植、园路等元素。

中国文化是博大精深的，在园林设计中，设计者也不乏应用了多样化的传统元素，如书法、雕刻、西区、绘画、园艺等，不仅体现出园林的文化底蕴，而且成为园林设计中的点睛之笔。

我国园林的创作核心在于充分融入自然元素，极力展示自然之美。园林景象是自然景象的艺术再现，所有景物的布置都严格遵循自然规律，形成了"虽由人作，宛自天开"的视觉效果。中国园林设计将人文美与自然美完美融合，体现出人与自然和谐依存的境界。

对中国园林而言，最能展示其艺术水平的就是园林意境的营造，它利用人与自然的交流沟通，最终达到情景相容的设计目的。我国古代园林意境的本质在于园主的内在情感与园林的外在景观相统一。这就需要借助自然元素打造山水情怀，营造园林的独有意境。园林中的形神结合是添加人工因素的自然的意蕴，是一种思想层面的艺术品。

一、园林艺术与家居环境的关系

我国的园林艺术经过数千年的积淀已发展得十分成熟，是我国传统文化中的一颗明珠。从园林的种类方面分析，大多数园林为私家园林，且相对于其他两种园林，私家园林的设计元素更为多样，参照性也更强。从园林的分布位置来看，大多数园林都分布于风景秀丽的地段，虽然占地面积不大，但有限的空间中却分布着丰富的景色。

园林艺术不仅是一种应用价值较强的建筑装饰类型，更是设计者的人文精神体现。造园设计对现代室内设计更容易带来启示，其形式设计将为当代家居环境设计提供新的思路与灵感。家居环境的设计是以人为主体的设计过程，人的需求不仅来自生理，更来自心理，心理需求即是居住者与居住环境间的内心交流。家居环境设计是一种需迎合居住者个人喜好的室内装修设计形式，这也与私家园林的设计历史相近。家居环境与居住者的心灵交流是居住者心理需求的呈现，这就需要家居设计者借鉴园林中的艺术灵感，创造出具有明确主题的室内设计作品。例如：对于部分少数民族家庭的家居环境设计，设计师可参照少数民族地区的园林设计形式，增加家居设计中异域文化元素。

家居环境设计与园林艺术是相通的，只有真正将园林艺术引入家居设计中，家居设计过程才是创造的过程，这种创造才能得以传承。同样，所有的经典设计作品也是融合了其所在地区的文化元素，形成独有的设计特色。

二、园林艺术中的设计元素分析及其应用

园林艺术不仅仅是物质创造，更是精神层面的创造。物质创造主要包括门洞、展物架、窗户、挂落等。这些物质安排起到了分隔空间与装饰的作用。这些包含对比性与引导性的装饰物能对现代家居环境的设计起到一定的指导性作用。对于精神层面的创造，园林艺术中反映着设计者的情怀、趣味、精神与气质等，这些精神创造能为设计者带来一定启发。

（一）园林的艺术内涵在家居设计中的应用

我国古代建筑大多为木质结构，各种木质在雕刻后对景致的点缀更是有

点睛作用，既提升了装饰效果的艺术性，又对空间进行了合理的分隔。例如，在苏州园林中纱窗的设计将空间分隔得更有层次感与灵活性，这一运用可以引用到现代家居设计中，如在书房中加入纱窗的设计，在框里配上富有诗书气质的浮雕图案，再用书法或画作进行点缀，更加增添了书房的层次感与文化气氛。再比如被大范围应用到园林设计中的展物架，可以引入现代客厅的设计中，在展物架上摆放各类古玩或藏酒将增添室内的艺术性与文化性。私家园林通常占地面积有限，但却能够通过合理的设计将空间分布巧妙安排，因此空间分隔、隔物造景是园林设计中的重要组成部分，这些技术可以应用到小面积户型的家居设计中。总之，我国的园林艺术为人们带来的是一种情怀、一种意愿，可以通过园林文化得到艺术的熏陶与审美的享受。

（二）园林的设计手法在家居设计中的应用

我国的园林艺术在空间上的布局讲究"开敞流通"，是对园林本身的一种延伸与扩展。灵活多变的园林布局，通过一些人工元素的加入而更显情趣及神韵。在现代的家居环境设计安排中，同样可以引入这种布局形式，特别是在客厅、阳台等空间，可以加强空间的层次感与设计感。在我国古代园林中，设计者为加强园林景观的变化性，综合运用了多种造境手法，比如借景、对比及障景等，使园中景观更为经典，以少胜多。如何使得有限空间内的景色显得更加多样化，这也是当代家居设计中应该借鉴的方面。在家居设计中，可以巧妙借助镜子、玻璃等装饰物，将外景引入室内，增强室内的视觉丰富性与层次感，为住户营造典雅、自由的居住氛围。此外，园林中合理的植物配置也得到了普遍的运用。将植物放入室内设计中能起到净化空气、分隔空间、增加生机、陶冶情操的作用，不论是阳台、客厅等公共空间，还是卧室、书房等私密空间都可合理引入植物作为点缀。

尊重传统、节约资源、保护环境是全球发展的重要目标。面对我国珍贵的文化遗产，要在感受到自豪骄傲的同时，还应对其进行认真的学习与传承。我国的园林艺术作为我国装饰技术的精髓，应对其进行深入的分析与学习，并合理地引入家居环境的设计中，增添家居环境的文化感、层次感与人文因素。园林艺术具有主要运用山水题材、艺术元素多样化、注重意境和融合自然元素的特征，是我国经典建筑设计与装饰技术的代表。

第五节　园林艺术中的植物景观设计

植物是园林景观中最重要的组成部分，要重视植物景观设计，深入研究其艺术表现形式和设计主题，根据植物的自然生长规律调整设计思路，保证园林艺术景观设计的效果。简单分析了植物景观设计及其设计原则，探讨了园林艺术中的植物景观设计。

实际上，园林艺术的艺术价值十分丰富，其有效地结合了时间元素与空间元素，尤其是植物景观设计更是如此，在设计时，根据园林设计需求以及实际情况，调整植物景观的大小、层次。但就目前来看，我国的园林艺术植物景观设计在某些方面还略有不足，因而对本课题进行研究具有不可忽视的重要意义。

一、植物景观设计概述

所谓的植物景观设计，指的就是以科学化的手段进行植物种植和布置，从而提升周边环境的生态性及美观性，利用植物特有的诸多长处，促进园林景观朝着更加和谐的方向变化。不一样的植物有着迥异的特征，能够给人们带来不同的审美享受，在我国经济社会高度发达的今天，在满足了温饱的基本需求后，越来越多的人开始注重精神上的满足，在这种情况下，进行园林景观建设并做好植物景观设计势在必行。

二、园林艺术中的植物景观设计原则

（一）主体性原则

中国的园林艺术自成一派，具有自己独到的设计重点，借景和意境是设计工作中最常用的两种手法，利用各种景观之间的配合与协调，表现一种和谐自然的美感，利用多种多样的景观变化以及层层递进的审美情趣，让游人能够在其中放松身心，贴近自然，借助植物的排列和布设，表达植物景观中的艺术价值，从而把园林和人生思想、审美价值合而为一。近年来，园林艺术也发生了一定的革新，园林本身的功能开始受到关注，园林艺术植物景观为现代城市环境的优化做出了卓越的贡献，同时也给人们的生活工作带来了更加优质的体验。为了达到以上效果，在进行植物景观设计时，结合设计理念和客观事实，通过搭配不同的植物景观，最终达到提升园林景观设计效果的目的。

（二）艺术性原则

植物景观设计的重要原则还包括艺术性原则，在设计工作中，如果完全不考虑艺术性原则，那么最终设计出来的植物景观必定出现缺少审美价值的问题，即使建成也只能一味地闲置毫无使用价值。所以，在具体的设计工作中，必须根据园林设计需求和植物景观本身的特点，艺术性重构设计的功能、造型和构图，整体性分析植物景观和周边建筑，从而保证二者更好地融合。

（三）生态性原则

植物景观设计和建筑设计不同的地方在于，植物本身是有生命的，因此，设计时，需要考虑到植物的生长。很多外在因素都可能影响植物生长情况，如空气的湿度、周边环境温度以及土壤质量等，都是重要的影响因素，所以在设计工作中，控制好这些外在因素，保证植物景观能够健康稳定生长。另外，还需要贴合自然需求，尊重植物本身的生长规律，不断丰富植物景观中运用的植物品种，从而让园林植物景观成为一个兼具生态价值和审美价值的艺术品，提升园林植物景观的设计水准。

（四）文化性原则

自古以来，我国的园林设计艺术体系就十分健全，各种设计思路和手段极为丰富，从园林建筑到植物景观，无一不包含着浓厚的文化色彩，因此，植物景观设计中，仍然需要注重园林艺术的文化性，根据不同的园林设计需求融入不同的文化元素。利用多层次、立体化的植物景观，提升园林艺术的文化价值，构建一种独特的文化景观，在传承传统园林文化的同时，融入现代化的文化元素。

三、园林艺术中的植物景观设计工作策略

（一）根据园林分区功能，调整设计思路

根据园林本身不同的功能区划分情况，采取不同的植物景观设计方法及思路，是保证园林植物景观设计水准的重要策略，如在园林的入口处，可以采取简单朴素的设计方法，从而让游人在深入园林景观后，产生柳暗花明又一村的观感；在园林的内部，植物景观则应遵照不同区域的功能进行设计；而在休闲活动区域，为了给游人带来更好的游览体验，一般来说需要以宁静雅致作为设计思路；在娱乐区域则需要尽可能地让植物景观与本区域内部的建筑景观相配合，从而让建筑与植物达到互相促进的效果，给人们带来良好的娱乐氛围。要具体问题具体分析，根据不同的需求，采取不同的设计方法，从而提高植物景观设计的针对性。

（二）根据植物特征，打破园林设计固有问题

设计植物景观时，往往需要利用人工栽培植物的方法，提升园林整体的艺术美感。而园林植物的种类多样，其外观不同、形态各异，有着与众不同的美感，在设计中，根据植物本身不同的特征调整和布局，提升园林的整体审美价值。具体来说，从以下两个方面入手：第一，要着力实现兼顾动态趋

势与协调感官效果。植物种类不同，特征不同，有的植物更加适合动态化的景观需求，而有的植物外观和形态比较规整，则更适用于整体大型景观的设计。所以说，要根据植物种类的不同特征，协调植物和周边环境，从而让游人能够在游览的过程中，更好地感受到不同时间、不同植物的不同美感。第二，实现对植物景观起伏、节奏效果的有效调节也十分重要。如在园林景观的各种道路两侧，往往需要利用植物构建景观，提升园林的观赏性，在这部分的设计中，应该将关注点放在立体化空间的设计上，利用植物的高低差异优化景观，改变园林景观一成不变、僵化死板的问题。

（三）引入园林全局景观设计思路

在设计的过程中，不同的园林有着不同的设计需求，设计地点的实际情况也各有不同，所以说在设计园林景观时，要因地制宜，因时制宜，根据植物生长的特性和园林所在地区的生态环境特征，调整植物的数量和种类。另外，还需要给植物创造好的生长条件，让植物在种植或移栽后能够健康生长，最终达到提升植物景观设计质量的目标。首先，应根据园林生态环境保护的有关规定，保证设计工作的水准。植物景观存在的价值不仅是为人们提供审美方面的享受，更在于其能够抗风降噪，因而在设计植物景观时，需要根据当地的生态环境保护规定，挑选合宜的植物种类。其次，还应该以园林绿地分类标准，作为植物景观设计的参考标准。在改造园林景观时，需要根据园林的种类，调整植物景观设计方案。如儿童园林的植物景观设计就需要选择一些颜色鲜明、形态矮壮的植物，既能实现植物景观设计优化环境的目标，又能使园林特色贴近儿童喜好。

综上所述，近年来我国的经济发展取得了前所未有的进步，城市化进程持续推进，使园林艺术中的植物景观设计受到更多的关注。保证植物景观设计的质量和水准，是务必要考虑的问题，在今后的工作中，应进一步调整设计手段，严格遵守设计原则，保证植物景观的设计效果。

第六节 休闲农业中园林艺术的应用

休闲农业具有复杂、丰富、多变的特点，是一种高校农业发展方式，极具特色。休闲农业兼具农业和旅游两个方面的内容：一方面农业发展速度加快；另一方面人们多了一种旅游方式。目前，为体现和发展休闲农业特色，园林艺术在其中得到了广泛应用。分析了园林艺术在休闲农业中的应用原则，并就园林艺术在休闲农业中的具体应用做了重要论述。

随着我国经济建设和综合国力的提高，我国绿化事业得到了快速发展。但是，在城市化的不断推进中，人们过多注重人工工程建设，忽略了园林艺术给人们带来的益处，导致近年来环境破坏较为严重。而休闲农业的兴起，不仅提高了农业生产的经济效益，还积极改善了生态环境。因此，休闲农业发展迫在眉睫，而园林艺术在休闲农业中的应用至关重要。

一、园林艺术在休闲农业中的应用原则

（一）园林艺术要因地制宜

园林艺术在休闲农业中的应用应遵循一定的原则，其中之一就是因地制宜。农作物的选用需要因地制宜，必须尊重区域地理特色。我国土地广阔，各个地方气候都不相同，而且南北方地质也有较大区别，所以，不同的地区一定要选用合适的农作物。例如，对于气候较为湿润的亚热带地区，就要适当选择当地具有地域特色的、能够适应当地湿润气候的植物营造园林，从而既能够彰显该地区的风情特色，又能够有效避免园艺植物因气候和水土的不适，而导致植物成活率较低。相反，如果不能够积极遵循这一原则，不仅会制约农作物的生长，从而影响农业观光效果，还会造成农作物的资源浪费。

（二）园林艺术以自然为主

休闲农业的发展都是依靠大自然，理所应当，园林艺术在休闲农业中的应用也要依靠大自然，这是园林艺术应用的另一项原则。休闲农业理应具有农业特色，充满大自然气息，才能体现出休闲农业与其他旅游项目的不同之处。休闲农业既然是以自然为主，发展中就要尽量减少人文景观的建设，最大限度地与大自然相符。同时，多利用自然优势发挥自身的特点，比如，田埂、河流、山坡等进行打造，从而充分发挥出休闲农业中园林艺术的特点。

二、园林艺术在休闲农业中的具体应用

（一）园林艺术注重色彩搭配

休闲农业的打造以大自然为主，大自然中充满了多彩缤纷的色调。休闲农业中的农作物种类繁多，每种农作物都有自己的生长规律和特点。而且农作物成熟的过程也是多变的，不同的农作物在不同时间段，不管是在开花、结果，还是形状、颜色方面都各具特色。因此，可以充分利用不同农作物开花结果时间不同的特点，丰富农作物种类，这样在开花结果旺季会呈现出姹紫嫣红、生机勃勃的情境，吸引人们的眼球，体现园林艺术的魅力所在。同时，也会避免在秋冬季节，农作物枯萎凋谢而出现景观单调的局面，保持休闲农业的自身特色。总而言之，园林艺术在休闲农业中的广泛应用，能够有效改变传统农业生产中色彩单调的局面，为人们营造一个更加清新自然的休闲农业风光环境。

（二）园林艺术注重视觉效果

之所以要发展休闲农业，就是为了更好地发展农业旅游事业。休闲农业作为当下受欢迎的观光旅游项目，带给人们的视觉效果一定要符合大众审美，只有这样，休闲农业才能得到更好的发展。为了营造更佳的视觉效果，需要巧妙地运用园林艺术。园林艺术在视觉表达上有很好的效果，首先，利用眼前的视觉构成改变旅游者的视觉内容。其次，园林艺术利用色彩的差异性营

造景观，使旅游者能够感受到色彩的鲜艳和绚丽。通过应用园林艺术，能够打破农业色彩的单一性，使游客的视觉体验变得更加丰富，有效提高了休闲农业的知名度。

（三）园林艺术注重空间搭配

在客观印象中，园林艺术总是能够凭借其极具创意的灵感以及完美的设计，为人们呈现出一场视觉上的盛宴，包括色彩、动态格局以及空间搭配的享受。因此，对于休闲农业发展来说，可以充分利用园林艺术中的空间搭配艺术，将不同高度、色彩、形状的农作物科学合理地搭配，优化视觉效果，增强艺术感染力。

总之，休闲农业是现代化农业发展的一种重要形式，而且远观未来，休闲农业一定会在我国的发展中取得一席之位。休闲农业之所以能获得不错的发展效果，离不开园林艺术在休闲农业中的广泛应用。园林艺术的应用，不仅达到了通过农业景观促进旅游业发展的目的，而且可以更好地满足农业种植的需要。休闲农业的发展离不开园林艺术，休闲农业的进步需要通过园林艺术加以改造和完善。因此，在休闲农业发展中，应积极分析、研究园林艺术的应用。

第三章　中国古典园林艺术

第一节　皇家园林

　　本节是英国学者通过考察中国古代皇家园林历史流变的史实而撰写的论文，其论述要点在于揭示中国皇家园林与王朝崩溃发生的伦理线索。文中介绍了自夏商王朝兴起的建造园林之风，直到隋炀帝倒台后1200多年之后圆明园被烧为止。文章认为，中国人似乎总是用一种另类的价值观念来评判其帝王的生活。

　　1860年10月18日早上，一支英军分队气宇轩昂地走出北京的一道城门。他们沿着100年前为康熙皇帝铺设的道路向北前进，及时赶到了两个扇状的湖旁（如此设计是为了酷暑时能有凉爽的微风吹向圆明园皇家园林的入口）。10天之前，这一分队作为英法联军大部队的一部分从同一城门离开。当时，他们运走了大量的战利品——均为皇家百年收藏中的便携品，身后留下洗劫一空的宫殿，那些毁坏的珍宝散落在露天的庭院里。现在，他们无须动武和取得军官们的命令，就重新进入园林，在围墙内占地六万英亩的水园中四处散开。然后，放火烧了所有剩下的东西。经两天的火烧，他们几乎毁掉了三千座各种建筑中的三分之二，而这些建筑曾使这个地方成为欧洲的谈资以及满族王朝的荣耀之一。

　　在英国，现在唯有汉学家和美术史家才可能听说过圆明园。但是，在北京，它依然被人记取，因为，在城北沿着窄小的自行车道走，在井然有序的蔬菜地和新栽的树林里，圆明园的一小部分遗迹依然可见。从曾是福海小洲的小山顶上看的话，当地农民栽种荷花的地方下面依稀仍可见流水和山谷的轮廓。

大火后重建的颐和园——西方人叫作夏宫——依然存在。就其规模而言，它占据了原因近四分之一的面积，但是，从其巨大人工湖上的庭院和平台看，你依然能感受到某种古老园林的味道。但是，即使在那儿，毁灭的痕迹依然存在。在万寿山的北坡，仍然有一些没有屋顶的庙宇和摇摇欲坠、满是尘土的红墙。导游或会告诉你，这些都是英国人扔下的残墙断壁；英国理应是一文明的国家，可就如一位中国作家曾经评价的那样，"打仗却似野蛮人"。

一、从另一角度看的观点

然而，在英军司令埃尔金勋爵看来，洗劫圆明园是一种不可避免的灾祸，甚至是由人道主义情感所激发的。中国人已经骇人听闻地折磨了英国战俘，而且不管这种冲突的对错如何，埃尔金狂热地认定，诸如此类的恐怖事件不允许不加遏制，火烧园林，可以直接打击为其军队的行径负最终责任的皇帝本人，而对其无辜的臣民也不会造成痛苦。但是，埃尔金勋爵对中国所知寥寥。对北京的居民而言，一小股外国军队居然有权惩罚中国的皇帝，这是不可想象的事情，而且，他们对放火焚烧后还居然有颇为理直气壮、一本正经的辩解。

中国历史充斥着园林的残骸。中国的民间故事很早就将帝国奢侈的水涨船高和伟大王朝的必然衰败联系在一起，而且，这种奢侈的象征常常就是美女与皇家园林。这是历史确认的一种关联。王朝的终结几乎不可避免地伴随着女人的尖叫、假山倒塌的轰鸣声以及火烧亭阁的爆裂声。

一场伟大的农民起义就在这种情况下席卷整个中国南方，而有关咸丰皇帝荒淫无度的种种故事也在集市上流传。因而，在那个十月的早晨，当一股浓烟从圆明园的塔顶升起，缓慢地转向东面，并且在北京的四合院和胡同里落下木头燃烧的碎屑和滚烫的灰烬时，它在许多方面都是一种确证，即满洲王朝正在走向尽头。

二、古代的荒淫

　　这种将豪华园林与帝国解体联系起来的最初做法或许可以追溯到中国最早的一个王朝夏的灭亡——夏朝显得朦胧甚或神秘，估计是在大约公元前2500年寿终正寝的。后来，每当有良知的大臣们发现其君王所规划的园林时，他们很难不想起桀王，其嗜血成性的挥霍令其付出了失去王位的代价。有一个经典的故事描述了他用民脂民膏建造了一座巨大的酒池，而醉醺醺的大臣们弯腰饮酒时滚落其中。在有些故事里，这些酒池则变成了一个完全人工的池塘，供桀王泛舟，由同样荒淫的宫女撑船。

　　继起的商朝也陷于荒淫，并约在公元前1050年遭遇灭亡。无疑，这一次园林起了某种作用。回望稍晚的哲学家孟子，他就将统治者的奢华园林与其伦理衰落直接联系在一起，而后来的皇帝们或许也铭记在心了。"坏宫室以为污池，"他说，"民无所安息，弃田以为园囿，使民不得衣食"。农田的这种流失导致了伦理、紧随的社会以及最后大自然的崩溃。"园囿污池，沛泽多而禽兽至，及纣之身，天下又大乱。"这一暴君像是中国的尼禄，整日收集马、狗，以及稀有的物品，彻夜狂欢，拒绝进谏，而且，最意味深长的是，无限制地扩展其园林，园林重又成为一种最终导致王朝的崩溃的荒淫无度的象征。

　　有趣的是，孟子并不指责人造的山水。在更靠前的一段文字中，他把睿智而又伟大的周文王所建的大型园林与齐宣王的小型但更隔绝于社会的庭院作比较。虽然前者占地正好70里，还有人工建成的平台和湖，但是，似乎是向民众开放的，而且，利用得有声有色，就如后来的一位皇帝所说："文王以民力为台为沼。而民欢乐之，谓其台曰灵台，谓其沼曰灵沼，乐其有麋鹿鱼鳖。""灵"字的意思是"超自然"，同时指一种趋善之力，而在中国，这种力量常常被认为凝聚在具有气势的石头以及其他自然的或非同寻常的现象上。在这里，灵意味着除了具有某种审美和经济价值外，池塘和平台都包含某些不可思议的性质。文王的园林反映的是统治者的一种将其所拥有的东西（包括现世和超自然两方面）惠及臣民的意愿，因而，被孟子看作是对皇权的一种恰当表达。

然而，文王的统治却是个例外。更为典型的是要晚得多的隋朝的故事。在经历了许多年的混乱之后，公元581年，隋朝重新统一中国。以此为例，孟子对极度奢华的游乐场的所有顾虑都得到了充分的证明。虽然隋朝的缔造者坚韧不拔、精力充沛、极度节俭，他全力以赴，使得帝国重新统一起来，但是，他的继承者却将原先的好名声变成了一个荒淫的末代统治者的经典例子。历史记载，隋炀帝在伟大帝国的感受中找到了狂妄表现的无限可能性。他派遣三支大军远征朝鲜，并下令修建连接南方稻米之乡与北方都城的大运河。他一登基就开始建设第二座东方都城洛阳，与其父王在长安的古老都城形成互补。在这里，为了显现其居所的气势和辉煌，与汉代的花园相提并论甚至有过之而无不及，他就圈了一个周长75英里的山水园林。

在这一园林里，他下令挖了一个几乎6英里长的湖。中有效法汉武帝的三山——蓬莱、方丈和瀛洲，上皆台榭回廊。水深数丈，开沟通五湖四海。湖畔蜿蜒的风景"皆穷极人间华丽"。为了栽种这一大片山丘和山谷，皇帝下诏征集天下境内所有奇花异草，包括用特制的马车运入园中的大树。几年之内，"后苑草木鸟兽繁息茂盛。桃蹊李径，翠荫交合，金猿青鹿，动辄成群……"。

以上的叙述意味着某种类似重建汉代辉煌的东西，同时欢庆帝国重新统一的荣耀。不过，园林很快就变成了形容过度奢华的一个同义词。隋炀帝年轻时曾在中国南方做过行台尚书令，而就在这里，按照北方人的说法，他形成了一种对奢华精美的东西的爱好。在其新修的游乐园里，他不是模仿古老的汉代风格的猪舍，而是建造了16座水上宫殿，沿着湖畔水道连成一片，像是一串珍珠项链。每座宫殿周围都有一单独的园林，较诸游乐园，装饰得更为精美和艺术。为了让这些小型园林一年四季都美轮美奂可谓煞费苦心："秋冬凋落，则剪彩为华叶，缀于枝条，色渝则易以新者，常如阳春。沼内亦剪彩为荷芰菱芡"。只有通过水路乘坐龙首御船才能游幸那些宫殿。每一座宫殿里都有20个选出来的妃子，能歌善舞，奏乐赋诗，而且无疑也擅长官能娱乐。

提供乐趣的还有一系列非同寻常的自动装置。宾客们坐在特别修建的水道旁时，载在船上的机械人像（高达两英尺，衣饰华丽）就在他们眼前经过。有些自动机械人设计成了歌妓，而其他形象的表演情景形形色色，达 72 种之多，都选自中国的神话与历史。

据说，极有可能是"一百万"人的劳作，建成了这一园林。有一位学者写道，在其狂热的建设中，10 人中有 5 人丧命，而同样比例的人也在大运河的建造与灾难性的高丽远征中丧身。公元 616 年，一场不可避免的叛乱在百姓中爆发。皇帝退至大运河与长江交汇处的城市（如今称为扬州），由其手下的将领为帝国而战。618 年，他被自己的禁卫兵暗杀，后者在此之前刺死了皇帝最宠的儿子。

隋炀帝的故事由于具有原型性，读起来就像是一个伦理故事；确实，隋朝 37 年的统治在某种程度上概括了所有朝代的历史。无怪乎，新兴唐朝（618—907）的缔造者也对造景采取了一条及时而又坚定的路线。他甚至带官员和眷属远足，到过其前朝废宫以示警诫："我今不使汝等穿池筑苑，造诸淫费。"他的话却随风飘散。他本人觉得理应建造一座与其帝国雄心相称的"大明宫"，还包括周边供皇家娱乐的大片土地。他的几代继承者与谋士们又玩起了老把戏，即相互比拼园林的奢华。

三、更多奢华的方式

园林与王朝崩溃的伦理故事在中国流传着，直到隋炀帝倒台后 1200 多年之后，圆明园被烧为止。尽管它们的规模和辉煌的程度有别，但是，所有后来的皇家游乐园都规模浩大，而且，直到最后也继续护养象征帝国富庶的外来植物与动物。然而，几个世纪以来，其他的主题也影响了其发展，而最为基本的就莫过于"文人别业"的理想。这一点，就如我们将在下一章节会看到的那样，尤其在汉朝崩溃之后，得到了发展，而且，在许多方面也是对奢华园林的一种反动。但是，到了最后，园林作为简朴而又精致的乡野休憩寓所的理想甚至在最奢华的皇家公园里也有表现。

譬如，到了 17 世纪末，声名狼藉和与众不同的女皇武则天确定自己是喜爱简朴的生活的。她设想在其都城北面约 60 英里的陕西的山林里修建一座宫殿，入夏她就可以与那些为难地尾随其后的朝廷百官搬进来住。此园占据了很多耕地。它不设篱笆，成为潜伏劫匪的地方，同时又难以接近。住宿的地方远远不够，以至于一半的朝廷百官只能睡在草堂里。这里的王国事务料想与都城那儿一样顺畅无阻。公元 700 年，大臣们抱怨：这样的情形殊无可能。但是，女皇并没有放弃建造郊外宫殿的打算，而是将此看作为花费巨资重建整个庄园的一个绝好机会。大臣们虽然无计可施，但是，他们倒是感激女皇对他们福利的莫大关照。

没有几个人有足够的勇气抗议帝王的挥霍无度。李约瑟讲述了 747 年谏官陈知节就唐明皇凉殿而上疏极谏的故事。大臣许久未见回复，心中愈加恐慌。暑热无比——在中国的中北部，那就意味着酷热如火——皇帝令力士正午召对，地点就在大臣予以批评的园林中的一座亭子里。故事刻画了当时意欲呈现的极其出人意料的效果：

上在凉殿，座后水激扇车风猎衣襟。知节至，赐坐石塌。阴溜沉吟。仰不见日。四隅积水，成帘飞洒。座内含冻，复赐水屑麻节饮，陈体生寒栗，腹中雷鸣。再三请起，方许。上犹拭汗不已，陈纔及门，遗泄狼藉。

四、典雅的园林、音乐和爱情

唐明皇 28 岁时登基。他有活力、智慧和决断，对自身的作为和帝国的伟大有着强烈的愿望。而且，正是这一愿望，不仅意味着辽阔的疆域，也包含了对艺术的赞助。皇帝本人在梨园指导宫廷乐师，而在其在位期间，诗歌也获得了前所未有的繁荣，或者说，在中国历史上没有先例。确实，在其治下的头 15 年里，这一位引人瞩目的皇帝在艺术赞助与个人奢华之间保持了一种平衡，从而使他的宫廷成为雅致和优美的典范。接着，就像讲故事的人喜欢说的那样，他坠入了爱河，爱上了一个叫杨贵妃的美女（中国历史上的四大美女之一），因为为了她，唐明皇丢弃了他的帝国。

年岁见长的唐明皇不仅变得越来越痴迷了，为了与情人相伴而不理朝政，而且对她百依百顺。她的无数亲属很快就占据了所有的权力之位，而皇帝则在为其女人和姐妹整天建造各种各样的宫殿。每人都有奢华的园林，而其风格与细部均相异于城外比较天然的皇家园林。

这些园林中最出名的一座现在依然存在，尽管杨贵妃时代留下来的其他东西已荡然无存了。它坐落在现代西安东约20英里的地方，是古代华清温泉园林的所在地——唐明皇第一次亲幸之前一千年就已驰名遐迩。在这里，按照一现代学者的说法，唐明皇"用天青石雕了一座微型的洲上之山，他的宫女环绕水洲摇着用檀香木漆器制成的小舟。这一丰富而又灿烂的造景之作代表了贵族园林风尚的巅峰"。也据说，侍女们在这里让杨贵妃在大理石池中洗浴，而昏君则在暗处窥视。

尽管多年实施仁政，唐明皇是一伟大的君王，而他的统治（712—756）也被认为中国文明的高峰之一，但是，学者们认为，在中国皇帝中最有修养可能就是下一个朝代的徽宗皇帝了（1100—1126）——一个修养极高、名副其实的名画家和无与伦比的造园者。然而，帝国为其付出了昂贵的代价，就如唐朝之于唐明皇一样。两个皇帝都遭退位和惨死，身败名裂，灰飞烟灭。

然而，唐朝并未因为唐明皇统治的惨败而完全垮掉：经过不过8年的休整之后，它又复原过来，在唐明皇驾崩之后又持续了150年。但是，在徽宗的统治下，宋朝却将整个中国的北方长期输给了半开化的蛮夷女真人。在某种程度上，这种失败前所未有，也再无来者，归因就在皇家对造景作园的痴迷。事实上，它成了中国历史的一种反讽，这些在帝王中修养最高者可以说是为了园林而牺牲了文明。

五、徽宗与拜石热

无疑，绘画是徽宗的主要才华。其着色精微的花鸟写生跻身中国艺术中最迷人的作品行列，而其水墨画据说亦达到"神品"的等级。他最喜爱的题材就与园林有特殊的关系，或者说，至少关联园林中所见自然的一部分——

一只羽翼丰满的白鸽在梅花枝条上舒松羽毛，一长尾小鹦鹉栖息在桃树枝条上。它们均美轮美奂，因为徽宗是一个登峰造极的完美主义者。他时常领着皇家画院成员，在宫殿园林里亲眼观察所画的对象，而且，他是这样一类执着的写实派，以至于据说曾经否定过一幅孔雀图，因为艺术家没有注意过此鸟在升墩时如何总是先举右足，而非左足。其开封皇家园林的规划也有同样执着的特点；因为如果说绘画是其最伟大的才华，那么，造园则是其持久的激情。

就像在他之前的其他皇家庭院设计师一样，徽宗拥有并支配全国的财富，而作为灵感之源的是整个皇家园林的传统，既有八仙群岛，又有来自整个帝国的各种各样珍宝。此外，他有另外两种在当时都高度发达的样式。一是属于高官和贵族的园林风格，讲究并具高度的装饰性，另一则是由诗人和哲学家所创造的简朴而又天然的风格，后者曾影响了武则天女皇的趣味。这些颇为不同的园林传统都曾在前朝唐代以及徽宗自己在位的早年时兴盛过。所有这三种样式都在其新设计中有所反映。因而，就如在所有皇家园林里那样，园中有来自帝国天南海北的树木和动物，包括来自南方的荔枝和数量可观的锦鸡和鹿。不过，园中也有不那么奢华的东西，有一个实用的药草园以及种植豆子和谷物的农场。它们提醒那些光顾的人，农事简单而又快乐——当然，无涉任何艰难的体验。

以其他皇家的园林标准看，徽宗的园林并不太大。不过，作为最辉煌的成就，它确实拥有一种尝试前所未有的规模的特征，尽管在汉朝以来的中国园林里，那已然是一种可以接受的因素了。徽宗喜爱石头，是最高等级的拜石狂；而他在都城东北部一片大平原上实际所建的，就是一巨大山景游乐场，一座其周长超过十里的假山，"千叠万复"，有起伏的山脊、悬崖、沟壑、绝壁和裂口等。有些地方，山高达225英尺，俯视周围的乡间，另一些地方，则是疏浚的泥石堆成的小丘，再延伸到池塘、溪流，以及满是李子和杏子的果园。

同时代人对这一令人惊讶的地方的记叙依然存世，其中有一篇是皇帝本人所撰。这些描述虽然并不总是相互那么吻合，可是，它们都很好读。向东，皇帝似乎可以站在高高的山脊上，清楚地俯视其芳香随着下面春天温润的空气而上升的千里梅树。笼罩在这种馥郁中的是各种各样的建筑物，其中有"萼绿华堂"、书馆，以及圆形的八仙馆。高高的山坡上有一平滑光亮的紫石岩，顺悬崖蜿蜒而上的石阶通往上面。皇帝临幸时，驱水工登顶打开山上的一水闸，一道人工瀑布就瞬间在其身边的岩石上飞溅而下。春天时，由此眺望，远处的峰峦叠嶂看上去一定像是悬浮在果树百花上似的。它们的轮廓线层层叠叠，同时又分呈为两个山峰，一座面东，一座朝西，合称为万岁山。

不过，比这些宏大效果甚至更为神奇的是汇集在一起的奇岩怪石，在山坡的每一个地方盘曲而立。例如，沿着那条将万岁山与一面南的叠石连在一起的脊线，貌似动物和怪头的巨砾如此摆放着，看上去仿佛是山泉所塑造的："石皆激怒抵触，若碨若齿，牙角口鼻，首尾爪距，千态万状，殚奇尽怪。辅以磻木瘿藤，杂以黄杨对青荫其上。"接着，这种对奇异形态的迷恋也同样体现在松树的奇妙样子上，"枝叶纽结，为幢盖、鸾鹤、蛟龙之状"。

沿着西门御道到园林的路上，陈列着精挑细选的最佳石头。其中的一块，高50英尺，立于路中，有一小石亭紧挨着护卫之。"其旁石，若群臣入侍帷幄，正容凛若不可犯，或战栗若敬天威，或奋然而趋，又若偻取布危言以示庭诤之姿"。徽宗是如此痴迷这些非同寻常的拟人化的石头，以至于他为这些石头题名并镌刻其上。那些最好的，均将名字写成金字，同时在周围放一些像是众星拱月的朝臣似的小石头。

从整个园林布局的最高点，皇帝看到的仿佛是宇宙的一个缩影。他的目光越过护城河，看到下面铺展而又"若在掌上"的城外酒肆和竹林；环顾四周，则可见"岩峡洞穴，亭阁楼观，乔木茂草，或高或下，或远或近，一出一入，一荣一雕"。

六、美善相济

徽宗朝政之余，其最爱的消遣就是在此园中漫步。在这里，无须旅途劳顿，他就可以发现令其神清气爽和美的东西，足以去除其如其所称的记忆中的所有铅华。他常常有"若在重山大壑，幽谷深岩之底，而不知京邑空旷，坦荡而平夷"的感受，他享受走过只架着一条木栈的深壑时所感受到的令人战栗的恐怖。在他看来，他的假山较诸中国任何真实的山麓，有着更为广泛的体验范围。它与自然相融，天造地设，"宛自天开"，不过，它首先也是天堂，如同仙人之境。有一天，象征长生不老的灵芝在一座山峰上长了出来，对徽宗而言，这是一种确凿无疑的征兆，即上天之力有助于他。仙人随时可能下凡到园中，因而，其确认的不只是皇帝之作的美，而且还有可以创造这一作品的王朝的美德。徽宗心安理得地将其巨型假山命名为艮岳，即"无法撼动的山峰"。

七、风水的影响

事实上，艮岳的修建不仅仅是用以展示荣华（以及美德），而且也是获得这种荣华的实际手段。在中国，至少从唐代以来，人们普遍相信，人的命运受到其居住的风水形态的密切影响。顺势力量通过河水流经大地。与这些河水保持良好关系的那些人自然兴旺发达，而充任邪恶的力量聚于周围的人则混得很惨。徽宗登上帝位时没有子嗣，尽管当时他只有26岁，这显然也让他有些伤神了。他就命风水师们细察都城的风水相位。他们判定，是过于平坦的缘故，认为皇帝不能有男性继承人就是由于其都城东北方向的土地缺乏高度。因而，建造艮岳之山就是一种手段，让顺势之力聚于景观之中，而排除那些阻挡受孕男婴的逆势之力。据说，这十分奏效。然而，尽管徽宗成功地变成了男性继承人之父，却在这一过程中失去了他的帝国：修建艮岳并缀满从帝国疆土上的每一个角落搜集来的稀世珍宝，使得王朝破产而亡。

臭名昭著的朱勔受命负责搜集植物和石头：他来自太湖附近园林之城苏州，而最好的太湖石就是在那儿发现的。据说，当时，帝国之内，没有什么东西会比这样的一块石头更为昂贵和难以到手。朱勔尤其擅长寻找石头，皇帝臣民的园林里常常就有不少，他就鼓动这些人将石头进贡给皇上。徽宗当然不是第一个在其园林里这样收集宝物的皇帝，但是，既然如此，大量的稀罕东西就进入了绿水园，而朱勔的私宅堪比皇家园林，就大大惹恼了那些捐献石头的人。

运送巨石的费用与购置的费用一样昂贵。蜀僧祖秀在记叙园林的文章中，认为运送巨石可谓"神运"，但是，事实上，运输石头的驳船曾连续几天阻塞了全国的运河，扰乱了食物与原材料的基本运输。徽宗本人也许既不知道其钦差大臣们的贪婪腐败，也不了解修建其天堂园林的惊人成本以及引起的混乱。他实际上看得相当平淡，既没有感受到竹篮运土的艰辛，也未听闻敲山凿石的动静。后来，按照宋代的官方历史，他确实越来越担忧惊人的支出了，但是，宫里痴迷于得到提升和钱财的太监们却要继续建下去。

蜀僧祖秀目睹了徽宗的疏忽和嗜好所带来的可怕后果：靖康元年闰十一月，大梁陷，都人相与排墙，避虏于寿山艮岳之巅。时大雪新霁，邱壑林塘，杰若画本，凡天下之美，古今之胜在焉；祖秀周览累日，咨嗟警愕，信天下之杰观，而天造有所未尽也。明年春，复游华阳宫，而尽废之矣。元老大臣所为图书、诗、颂、名记，人厌之，悉斧其碑，委诸沟中。至于华木竹箭，宫室台榭，寻为民所薪，同宇宙而长存独寿山艮岳。

"噫！"他最后写道，"天下之士闻寿山艮岳旧矣，孰亲观其兴废，复使后世凭何图记以玫之舆？"皇家园林被证明如同普通人的园林一样，仅仅如过眼烟云而已；而徽宗那座拥有大山的园林如今也无迹可寻了。徽宗本人最终成了野蛮的女真人的囚徒，并死在东北森林的帐篷里。

八、杭州：西湖上的城市

当时，成为灾难幸存者都城的杭州几乎被公认为世上最有魅力的地方之一。它是布满运河的城市，处在一条大江和人工湖之间，西面和南面环绕着树木繁茂的丘陵，上面坐落着一些中国最著名的寺庙。西湖以其垂柳的堤坝、水洲与丘陵的轮廓，轻盈飘舞的迷雾和亭子在水中的倒影等组成的非同寻常的美，证明对新皇帝的影响比刚刚垮台的徽宗的教训要强得多。而且，当时组成宋代帝国的南方各地都异常繁荣。那是生产稻米、盐、糖和丝绸的地方。商贾极富，而西湖畔和城市主干道的两旁都是成排的大宅、别墅和园林。如此奢华的样子当然是来自宫廷的推动。随着王朝的重建，许多前朝的大艺术家开始来到南方的都城，而且，在朝廷安顿下来后，皇帝就开始在全城和湖畔修建宫殿和亭阁。大约50年之后，当该王朝土崩瓦解时，马可波罗把这一"流亡君王的宫殿"描述为"世界上最美、最辉煌的宫殿"。不过，他当然对那些更早的、业已确立风格的皇家园林景色是一无所知的。

他的叙述听上去耳熟能详，但是，杭州园林确以其超凡的优雅和精致，以及无与伦比的背景而著称。一年一度的节庆时，整个园林挂上了丝旗，在微风中闪闪发光并倒映在湖水里。在这些赏心悦目的环境里，不管怎么样，宋代的皇帝们对南方大家族的影响力微不足道，便沉溺在寻欢作乐中了。他们频频放弃权力，空闲时则由艺术家与诗人簇拥着，不断地觥筹交错，泛舟湖上，园林雅集。马可波罗从最后一个统治者的故事里得出经典的道德之论：因"其怯懦放纵"，丧"一国于无地自容"。

九、蛮族的辉煌

来自北方的蛮族再次接管，这一次是蒙古人，他们如今变成了第一支能控制整个国家南北的蛮族。100年以前，他们还是亚洲最落后的民族，在蒙古大荒原的酷热和严寒下过着艰苦的生活。他们是游牧民族，很少从事农耕，甚或不太在意人的生命。1215年，当成吉思汗第一次占领北京时，毁灭的狂欢持续了一个月。幸亏它用了75年就征服了中国的其他地方，在此期间，蒙古人逐渐变得文明起来。当成吉思汗的孙子忽必烈最终攻下杭州时，他并没有去毁掉南宋的宫殿，而只是任其崩溃为一片废墟。甚至更意味深长的是，他也开始有了建设的欲望。他把位于蒙古哈拉和林的首都迁到了长城以内的北京，并在那儿开始建造一个巨大的新城，既有帝王的奢华，又带有某种野蛮的辉煌，这就与其他皇帝的规划大相径庭了。他也开始以一种真正的帝国风格修建园林，圈定大型的猎苑。北京以前的统治者（从宋代就占领了中国北方的女真鞑靼人）在城中留下了一个沼泽湖，西山的水流入其中。这个忽必烈扩大湖区，将挖出来的土加在湖中小洲上，最后其周长达一英里多。然后，他就让人种植了常青树和稀有的树种。就像在其之前的徽宗那样，忽必烈的山也配置了各种各样的石头，但是，不是用属于比较晚近的中国趣味的、水冲激成的奇形石灰岩，他用的都是天青石，如同唐明皇为杨贵妃所建的假山岛一样。马可波罗写道，这"是耀眼的绿色，因而，树林与石头都碧绿到了极点，别的颜色都看不到了"。在最高处，忽必烈下令修建了一座也完全漆成并装饰成绿色的宫殿。后来，园中也有了两座建在湖上、缀满水晶的圆形宫殿，因而，在访客们看来，它们像是冰宫。新的城市里里外外的墙，让蒙古人或许想起了故乡，墙里的是绿树成荫的大园林，里面种的树都是大象驮来的。

　　忽必烈在城里过冬，但是，夏季时，他就留在了北方上都（柯勒律治描绘过的世外桃源）蒙古人的幽静住处。与中国类似的地方相对应，上都也有一座巨大的宫殿，外面是大理石，里面则镀金。在北边，被城墙所围的范围内，有一唯经宫殿方能进入的巨大猎苑。在这里茂密的树林里会为忽必烈逗留的享用而搭建一个可移动的蒙古包，周边与顶均用劈开的竹筒钉在一起，再用两百根丝绸绳予以加固。蒙古统治者的四周是拴在马尾下皮带上的猎豹，他捕杀猎物，喂食其著名笼子里的一万只各种各样的鹰。

十、最后一座大型皇家园林

　　在北京，如今还有3个从忽必烈时代起挖掘的皇家大湖。这些湖位于南海、北海和后海所在的园林中，沿着首都中央的紫禁城西侧连成一串。虽然大可汗的青金石、绿亭，以及浴池和喷泉等都已不复存在，但是，如今北海公园的琼华岛正是忽必烈所知的那座用疏浚的泥土堆成的山，因为尽管明代的开国皇帝毁掉了忽必烈留下的一切，但是，当永乐皇帝后来决定将北京予以重建而作为自己的都城时，他不仅利用了忽必烈留下来的街道和宫殿基础，而且，也保留了其湖泊和水洲。

　　较诸那些明代前后的外族统治者，明代的皇帝们不太喜欢远足，而是更喜欢待在尽量靠近都城的住处里。因而，忽必烈在湖畔修建的度夏住处就留给了永乐及其继承者。湖泊本身也得到进一步的疏浚，形成如今所见的三个湖的样子，湖边栽种了丰富的树木，还有用不规则的石头组成的水岸线。毕竟，在中国人的事物格局里，这些湖以及半隐在树丛中的亭阁，就是一种"天然"之景，而且，即使事实上完全是人工的，却也与旁边长方形的宫殿形成了大体的平衡。

　　后来，清朝杰出的造园者也修缮和扩建了这些园林，而从其冬天居住的地方也可以极为方便地进入园中。到了王朝末年（1911年），这些园林已是规模浩大的宫殿与亭台楼阁群，古树掩映，冠以形如手铃或胖肚瓶的大白塔（舍利塔）。

　　到了20世纪30年代，两个特别欣赏中国园林的外国人光顾了"北海公园"并在后来又有形象的描绘。乔治·盖茨和喜龙仁都在北京住了许多年头，也在这些园林里度过许多时光，他们两人都同意，这些是中国所有传统游乐园中最可爱和受到最佳保护的地方。当时，尽管明代（1368—1644）以来的建筑已经荡然无存，但是，寂静的气氛是如此强烈，以至于甚至是比例失调的、20世纪的添加物也没有削弱整体的效果。这些园林是如此之大，建筑如此复杂和众多，以及植被如此丰富，以至于人们逛了几个月，也还是不熟悉其所有的特点。而且，尽管园林是向公众开放的（它们与北京的关系，就类似于海德公园、蛇形河道与伦敦的关系），但是，还是有一些整天无人光顾的秘密角落。这样的地方就是瀛台，一个周长约450码的海中仙岛，是中南海水中石洞上修建的南海。喜龙仁为这个瀛台拍摄的照片有着一种奇异的忧郁。1898年，年迈的慈禧太后就在这里囚禁了在位的光绪皇帝，后者鼓动过反对太后统治的宫廷政变。他有两年被囚禁在岛上，作为其牢房一部分的房间虽名称华丽，却是对其无助状态的嘲弄。也许，他在密集的厅堂周围和平台上踱步，再次谋划着将大权独揽的皇太后拉下马；或者，也许就如喜龙仁所指出的那样，他放弃了抗争，并渐渐消失，"如同寂静湖面上的一道昏暗的光"。

可以肯定的是，就在他的牢房高墙之外，都城的生活并未因为他的命运而有丝毫的改变。他在巨大而又富饶的帝国的中央独自待着，只看到湖面、天空，以及日出日落，仿佛他及其一小部分随从，就是大地上仅有的人了。

十一、"修身养性"的园林

这当然恰恰就是伟大的皇家园林建造者旨在创造的效果。园林的围墙就是用来隔开人满为患的世界，并让君王的思想转移到一种颇有别于政治的方面。当乾隆皇帝感受到一种造园的欲望时，他就认为，静居处对于其修身养性必不可少：夫帝王临朝视政之暇，必有游观旷览之地，然得其宜适以养性而陶情，失其宜适以玩物而丧志。

因而，就有了这样的悖论：对英明而又尽责的统治者而言，园林是一种精神复元的重要地方；可是，就如我们已经见过的那样，它也可能是一种感官奢靡的诱惑。对乾隆皇帝而言，它是两方面兼而有之的——不是因为他是一个羸弱的君主，或者不理朝政，而是因为他的内心里激荡着对自然之美的激情和创造美的场所的愿望。同时，他又强烈地意识到其祖父，伟大的康熙皇帝留给他的节俭榜样，孩提时代他在可爱而又相当朴素的园林里生活过。

起初，乾隆皇帝登基时，就纠结于造园的渴望和极严肃的愿望（即不以任何形式的奢靡使自己与祖先蒙羞）之间。在为其父驾崩而守孝三年期间，他显然以一种如同赫拉克勒斯般的意志力控制自己，继续在其前辈住过的房间里过着朴素的生活，同时，有气魄地否决了宫中所有太监的建造提议。所有这些却又都来自皇帝为其第一个建造规划而写下的书面辩解。即使是孟子，也会觉得难以长久地约束住乾隆皇帝的。

最后，在其父亲的老园（畅春园）北边，人们可看到上千名工匠在堆山造谷，挖湖开河，而所有皇家庄园里的亭台楼阁，假山、叠石和飞虹等都适得其所，堪比史上最奢华的园林。尽管造景风格很难说很有新意，不过，作为皇家园林传统最后的大繁荣，有这么一座对欧洲有着如此影响的园林——圆明园，也许是相称的。

正是园林包括了我们所见过的所有主题的展开："自然天成"的山水、豪华的亭阁、供帝王享乐以及容纳各种观众的大堂、僻静的小书房，等等。此外，皇帝在园中修建了一座大型藏书楼，存放一整套大清集成的经典著作。

其中也有寺庙、完整复制的江南城市的街道、农场、训练军队的操练场，以及如王致诚神父所注意到的"小小的追逐之园"——虽然用园林的平面图来判断，那儿进行的狩猎都一定是规模很小的。此园林也搜集了数量惊人的不同植物，还有许多关养了各种有趣或珍稀动物的小型动物园。最不寻常（当然也是一种革新）的是一系列占据了园林东北部的石雕建筑物。在这里，乾隆皇帝委托传教士为其修建了一批园林厅堂，并且配置了模仿欧洲巴洛克艺术风格的喷泉和迷宫（某种逆向的中国风）。在圆明园的所有珍宝中，这些建筑物的废墟就是今天留下的一切了。

乾隆皇帝建了所有这些东西，同时，要继续确认其节俭的原则。他提出的一个理由是，他的子孙拥有所有这些可爱的园林时，就可不再花费任何的建设费用了。然而，当他终于建成圆明园时，他题碑允诺，到此为止了，而且，毫无疑问，他自己是真的如此确信。但是，怎么可能呢？皇帝只要看到一迷人的小丘或一片水面，就会产生一种改善的欲望。在长城外的热河，满族统治者还留有大猎场，乾隆又添加了湖、庙等，建成了另一座辉煌的园林，而在北京郊区西山脚下，他也为一系列颇为荒芜的园林配置宝塔和亭子。

这里有个地方或许会吸引即便没有皇帝那样的痴迷的人。它是一座比较高大而是天然形成的山，矗立于圆明园西，后面像是一道屏风的西山，色彩斑斓。在这里，最终流入北京北海公园的玉泉被堤坝拦起来，形成了一个周长几乎是 4 英里的湖。

起初，皇帝是将湖用作海战演习场地的，但是，他很快就意识到其园林的潜力："既具湖山之胜概"，他一如既往地再加了一点强调的语气说，"能无亭台之点缀？"1750 年给了他绝好的由头：为庆祝母后 60 大寿，他要把这一地方改造成她特别喜欢的杭州城那样的园林，堤上有桥，两旁柳树依依。于是，在皇帝庄园旁再添一座大园林就是"孝敬"而非"奢靡"。

从开始直到 1860 年被毁为止的一百年间，该园修建的借口都如出一辙。此次恰逢慈禧太后的 60 诞辰。虽然此时的帝国正摇摇欲坠，而国库也已比较空虚，但是，来自追名逐利的富商的献金大量涌入。此外，还筹借了一笔部分来自海外的巨款，以装备一支现代化的中国海军。为了占用这笔钱，年迈的皇太后宣布，她将在湖上建立一所海军学院，这样就又恢复了乾隆皇帝先前修建该园的理由。但是，她实际上花钱建的，却是我们今天在那儿可以看到的园林的庭院厅堂。就如一个古老的笑话所说的那样，海军得到的唯一舰船就是太后的清晏舫，貌似在密西西比河上的轮船上方再加意大利式的凉廊，标志着园中湖边长廊的尽头。

如同乔治·凯兹所指出的那样，慈禧太后对这个地方的喜爱留下"她那个时代的暧昧烙印"。总体而言，东岸的厅堂与庭院显得拥挤而又沉闷，石工留下的东西难得会给人以灵感，而高高地建在巨大平台上的巨大的八角形塔（或称佛香阁）主宰着整个的山、以及下面的湖泊与园林，在我眼里，它看上去总像是一种使人奇怪地令人觉得压抑而又笨重的建筑。

然而，非常奇妙的是，颐和园依然是一个极为诱人和充满惊喜的地方。在东北门那儿，依然有一个有亭阁环绕且有自己围墙的秘密池塘，叫作"谐趣园"，这是乾隆皇帝仿照无锡的一座古老园林而修建的。这个园中园的四周是人工围成的不高的土墩，与外界隔绝开。

另一乐趣的来源则是对比的作用，而且这种对比有大有小。譬如，宽阔的昆明湖在万寿山下向南舒展，使之平衡的是北边后湖陡峭的水岸线；后湖蜿蜒地流过上面架有石拱桥的又深又幽暗的峡谷。东面迷宫似的庭院与乡间路径相平衡，后者曲折通向远处的山麓，穿过春天时香溢四处的丁香树林。而水本身则不仅仅因为满是石头的龙王岛和万寿山，而且也由于整片远处的西山而得以平衡。

正是这些，才真正造就了园林——就如中国人所说的那样，无中生有地"借景"自然。白昼之中，园林反映从雾蒙蒙的灰调子变为轮廓鲜明的紫蓝色，形形色色。有时，它们似乎触手可及，有时，则如面纱，虚无缥缈。通常，在中国园林里，正是光影的效果和季节的变化，在这里得到了如此优雅而又辉煌的赞美，因而，甚至野蛮的外国人也时常觉得自己置身于仙人之居中。

在火烧圆明园数年之后，一中国大臣去往伦敦评估损失，在传统的伦理上，他又加上了一种有关中国在世界上的地位的新意识。在他看来，焚烧标志着国家的觉醒：

盖自庚申一炬。中国始知他国皆清醒而有所营为。己独沉沉迷酣睡…或以圆明园及所藏之古玩名画珍宝。价值甚巨。失此而长一见识。似乎费大而得小。不知彼苟能教我如何整饬军制。如何坚固炮台。如何精利器械。至胜于前三倍。则所失者不得谓之太贵。今此役果有以教我。

或许，长远地看，他是对的，但是，就如我们所看到的那样，慈禧太后的反应是再典型不过的了，她要用为其帝国海军筹措的经费来重修园林：当中国需要海军与日本抗衡时，她就无计可施了。就如孟子很早以前就点明过的那样，统治者的无度挥霍极大地加重了民众的负担，不过，修建美丽的地方的强烈愿望倒不完全是自私的。尽管有历史上骄奢淫逸的例子，中国人似乎总是用一种另类的价值观念来评判其皇帝的作品。当然，在这里，老园丁表达的是一种道家的另类观点：他看着对面在阳光下闪烁的颐和园的瓦屋顶时说道：

现今许多人指责太后用钱造花园而不是买军舰和外国人打仗。不过，我倒是觉得她做了一件明智的事儿。打仗毕竟是野蛮的想法。瞧！……要是她不把钱花在这上头，谁能想到这么美的东西是可以凭人的手造出来的呢？

第二节　私家园林

从其萌芽之初，中国古典私家园林和"复古思潮"之间就有着千丝万缕的联系。园林主人往往是由文入仕的知识分子群体。中国古代文人"据于儒，依于道，逃于禅"多重复古倾向的人生体系，注定园林将频繁地迎接承受每一次复古思潮的冲击。循环时间观已深入中国古代文化腠理之中，成为主导人们宇宙观、历史观、价值观判断乃至艺术观的重要思维范式。展现在视野中的，是"一个没有变动的，失却约束，忘记痛苦的重新塑造的过去"。身处动荡时代的陶渊明设想了一个"不知有汉，无论魏晋"的安宁时空，完成了中国私家园林理想模式的最初构建。时代的发展不断地向"理想模式"内注入新的理念和内容，使得中国古典园林在复古的基色下，完成了不断发展沿革的扬弃过程，最终成熟完善。文人士大夫对园林情有独钟或许也正是因为园林艺术高度融合的多重属性。诗情画境文心经由中国文人的造园实践美妙地交融贯穿于中国古代私家园林。对于现实政治的渴求必然会和文人生命中的诗画美学因子产生矛盾，一旦仕途波折，甚或现实的滋润提供了更加广阔的精神空间时，中国士人的意识情趣必然指向更为自由活泼的私家园林。本节意沿其发展脉络，从不同阶段内的"复古回溯"所体现的不同精神特质入手，对复古思潮的表现及其对中国古典私家园林的影响等问题上做一浅探。

私家园林在古代中国的发展脉络可以比较清晰地总结如下：从东汉后期的萌芽到魏晋南北时期的异军突起延续至唐朝的发展兴盛接由宋至清初的自我成熟完善。中国古代的历史是一个整体框架稳定而内部不断更迭前进的体系，整体性的社会困顿与探索往往出现于历史褶皱期。"轴心时代"为后世的发展提供了精神动力，而中华民族的思维惯性奠定了他们对凝固时空的崇尚和信任。中国的士人群体总偏好向远古追溯，所以，每一次问题的集中呈现和解决所表现出的思潮形态，或多或少带有复古的外貌或内涵。由此可以从历史整体中找出明显有着回溯倾向的历次高潮：自魏晋南北朝而下，开元后期而漫及全宋，包括整个明朝的时间段内，都比较明显地表现出了社会精神艺术层次上的复古表征。

一、盛世余温和隐逸追慕

盛唐以开元年号的变更作为终点。经由武则天到天元年间的发展，中国社会的主导阶层已经完成了从贵族到士人的转变。大批文人入仕的实现，推动和收获了开元的鼎盛。社会的高速发展和精神的极大满足大大促进了知识阶层在艺术领域内的投入与追求，与此同时，仕途的通畅导致儒家思想的世俗功利性日益增长，"在贡举制度的裹挟下，逐渐松懈或失去了良知正义的立场，独立思考的意识和批判抗争的精神"。盛世的平庸最终激发了动乱的冲击，士人阶层在震动与自省中，开始渴求逃避和安顿。唐代在绝对时间尺度上距离较远，能遗存的园林作品寥寥，王维的辋川别业以及白居易的庐山草堂和履道坊宅园是不得不提的经典代表。唐代是文人山水园的形成和兴盛时期，山水田园诗声势浩大，取得了极高成就，山水画有了工笔写意之分，趋于成熟。山水园有了进一步的发展，从对自然美的欣赏水平、园林景观的布局、园林的创作技法到园林意境的生成，都有了长足的进步，凸显了文人对于自然的追逐与亲近。自魏晋发展而来的隐逸思想在富足的物质条件和宽容的精神氛围中进一步升扬，由与统治阶级对抗的堡垒变成了解决矛盾的调节器，隐居和入仕和谐于亦官亦隐的"终南捷径"，文人园林的兴盛就成为社会大势下的必然结果。辋川别业之所以成为颇具代表性的研究对象，一是由于王维的个人素质十分准确地符合了中国古代知识分子的体系构成，是合格的园林主人；二是由于王维恰好经历了唐盛极而衰的巨大冲击和转折，从而使他和辋川别业都具有明显的历史印记。从《辋川集》对其别业的描写可以看出，辋川别业中芳草萋萋、松林苍翠，桃红柳绿、含烟带雨，远处更有孤山远村、独树高原，一派朴素自然、诗情画趣，营造出明显具有黄老思想印记的隐逸氛围。正是有了这样的心灵安顿，王维足可进而为官，退而慕古隐逸，以避仕途不顺。遭受挫折和打击后，王维更是将辋川视为生命的寄托，看雨中山果落，听灯下草虫鸣，彻底隐入了自我清宁的修为里。与王维相比，白居易则因为更为专业的园林技术思想以及更具成熟的"中隐"体系而备受推崇。身处统治危机日重不能自救的中唐，日渐清醒的知识分子将安身立命的目光投向了潜心营造的私家园林。中国传统的隐逸思想在中唐有了更加适宜的土壤，"山林太寂寞，朝阙空喧烦。唯兹郡阁内，嚣静得中间"的"中隐"体系在白居易和他的园林中最终形成。"偶得悠闲境，遂忘尘俗心。始知真隐者，不必在山林。"，园林别业成了士大夫的疗养所，也成了他们以心灵能量抗衡社会矛盾的最后堡垒。既然私家园林的主要取向是归隐，风格趋向上就自动有别于皇家园林的富丽豪华，体现出自然简朴趋雅尚洁的审美风范。白居易《草堂记》言"堂中设木榻四，素屏二。漆琴一张，儒、道、佛书各两三卷"，崇尚自然之美的中国传统艺术精神在精神领域沉淀，"大朴不雕"演化至园林，则形成了"十亩之宅，五亩之园，有水一池，有竹千竿"的园林审美格局，从而具有简雅璞真的追求。由贴近自然，顺乎自然、升华自然的实践中，逐渐提炼出"取法自然，小中见大，巧于因借，以幽克喧"的造园之法。园林，成了中隐理想的现实载体，具有了亦官亦隐的双重职能。唐之下，士大夫再也鼓不起济世安邦意气飞扬的风帆，只能追循着中隐之道于丘壑园林中安顿性灵。白居易闹中取幽的城市山林观，亦在后世诸如沧浪亭、狮子林、拙政园等等一系列园林中得到了热烈的回响，可谓代有传人，历久不衰。

私家园林形成以来，就和隐逸有着密切的联系。世态涨落中，自我世界的安宁休憩赋予私家园林越来越浓重的现实功用之外的精神意义。唐代的转折所引发的归隐和自省，则是文人园林在这种趋势上继续发展的一个开端。中国文人园林的隐逸性特质在随后每次社会机能出现危机时愈加浓重地再现，构成了中国古典私家园林中一种带有老庄痕迹的精神因子。归根到底，似乎都是文人阶层在日益狭仄的精神空间中对越发遥远的淳朴心境及盛世余光的追寻。个人空间的收缩，精神诉求的丰富，颠簸沉浮的困顿交错，所有的因素衬托着远去的时空和陈旧的纸页更加光明诱人。私家园林，或许就是园林主人自我遗留的最后一块桃花源。

二、文化修复和精神复兴

明代的历史衔接在一个文人集团的骄傲遭受严重打击，文化体系被压抑排斥，文化心理痛苦扭曲的"蛮族黑暗时代"之后，当社会秩序得以稳定，重新接续和巩固文化链条就成为一种时代呼声。明之前的宋代，由于程朱理学的发展，出现了一段"薄古存今"的"义理为先"的思想局面，而经历了传统中断的明朝在这样的情况下只能越宋而法唐，甚至直追魏晋。以文学为旗帜的逆八股潮流开始蔓延，社会的精神体系中重新出现了对情、意、境、自然的呼唤与赞扬。从明初开始萌芽和兴起的复古思潮在中期终于获得了酝酿成熟的现实条件，蔚然成风。李梦阳《答周子书》言："弘治之间，古学遂兴。"因为元朝统治造成的传统断裂，明朝是一个十分重视传统的朝代，古文兴起，书必篆隶，礼仪崇古，汉学复兴，考据学兴起……如此庞大剧烈的复古趋势，势必对已然成熟日趋完善的中国古典园林体系产生影响。

中国园林发展至明代，造园已经成为专门的学问和职业。其标志首推计成和《园冶》。计成作为我国古代造园家、赏园鉴园家的杰出代表，有着丰富的游历且颇具诗画造诣，并在长期的造园实践中积累了丰富的造园经验，晚年有《园冶》于世。从《园冶》的文字表述中不难看出，计成主张"以画为园，意在笔先"，提倡情景相融意境相谐。"虽由人作，宛自天开"最高理念的突出，恰好是对于传统"天人合一"认知体系的具体继承和体现。计成一生参与设计的园林甚多，其造园技术和审美思想也广泛深刻地影响了诸多著名园林，拙政园和寄畅园的风格就足以作为窥豹之斑。坐落苏州的拙政园因其占地面积较大，园林的规划营造都有较大余地，因此虽然是模仿自然的景点设计却更接近真实山水的规模且少有人工，切实生动了体现了"虽由人作，宛自天开"的园林精神。相比之下，园名取自《兰亭序》的无锡寄畅园则更多体现出文人别墅园的风味，清幽、古朴、典雅。建于城郊的园林设计再高明也难以完全模仿自然，人工的痕迹在所难免。所以别墅园林之妙往往妙于借景，寄畅园正是"大借景"的成功之作。因地制宜，自然成趣。妙于因借的寄畅园通过融合周边而大大地扩展了自身的视觉景色空间，借得青山不用还，古朴精美，幽幽然自得天趣。除却拙政园和寄畅园这两座著名的古典私家园林外，计成和《园冶》以及其代表的对后世影响颇深的造园思想，还可以在历代越来越成熟的中国古典园林作品中得到实证，是在弥漫着"复古倾向"的明朝，立足时下面向古代的时代结晶。

文化和传统的中断引起的"复古"现象，由于特有的历史属性，都不可能表现出对古代资源的承接和继续。"好古"往往是"正名"的手段，是"兴今"的论据和武器。中国的古典园林，常常在这样的倒退式前进中，继承，演变，突破，乃至发展和更新。

三、最后喘息和伪装蜕变

中国古代历史进程最重要的时间点在明末清初。明后期以来，中国社会自身蕴藏的资本主义因素开始萌芽，商品经济发达，商业和商人的地位显著提高，社会风气发生了巨大的变化，市民文化趣味流行，对现实的享乐追逐进一步促使个性解放主体创造精神抬头，中国体系进入自发的转型期。另外，原本可以持续的进程又因为战争动荡和异族统治的不适应而被迫中断，使资本主义在胚胎时期就遭受硬伤，以致很长一段时期内始终徘徊于萌芽边缘未能在历史硬性断裂之前长成幼苗。所以在明末清初的特定时间内，社会原有的稳定体系和突起的新生力量呈现胶着抗衡的态势。暂时的平衡让"古雅自然"在极其微妙的历史处境中具有了更加复杂的含义，甚至表现出两种相反的趋势走向奇异融合的状态，并在中国古典园林发展进程的末端，形成了一个特点鲜明姿态独特不可忽视的独立阶段。这个阶段的园林发展是和古雅自然紧密联系在一起的。

明末清初，江南地区经济文化发达，造园活动繁盛，文人积极广泛地参与造园，促使造园经验向系统化、理论化升华。不得不提文震亨的《长物志》和李渔的《闲情偶寄》。文震亨生当明末"簪缨世族"，"少而颖异，翰墨风流，奔走天下。其诗、书、画、乐俱工，为维护明朝统治与清决裂，不食而死。"博学多艺的他一生著作颇丰，其中和园林有关的除去大量诗文外还有《长物志》、《王文怡公怡老园记》、《香草前后记》。纵观《长物志》，贯穿全书的主要特点一是求自然之趣，二是古朴清雅，崇雅逸之气。文震亨把古雅清逸作为园林建造的标准与美学追求，认为不古不雅者即为恶俗。古雅审美观的形成，固然是因为其生于世袭儒业的大族，深受儒家思想古道正宗的影响和熏陶，但另一方面对于雅逸的推崇，则是对日益流俗的社会风气和浮富浅显的市民趣味的回应和抗拒。正因为市民文化兴起的冲击，才加深了如文震亨这样的文人集团对古雅的坚持固守和明扬推崇。

另外，明代后期以来，泛文人化园林开始大批出现，商人地位的提高，使得知识分子士人集团的范围再一次扩大，商人入仕，文人从商，使得社会等级界限模糊，文士从俗，商绅附雅，进一步刺激了园林艺术上的抗衡与融合。出身商家的李渔在造园上不满流俗，标榜自然清雅，呈现文人雅士之意趣，可以说正是当时社会拥有物质基础而接触上层艺术的商人阶层的代表。李渔在园林营造上主张以勤俭黜奢、以雅抗俗。他极力反对时下流行在造园方面竞相富丽的风气。作为商人阶层，李渔的自我意识和主创性则通过他的园林和著述得到了时代性体现，"忌模仿，贵创新"主张张扬人的主体精神。这样的出发点，使得李渔在园林营造中偏向于自然纯真的审美意趣，突破现下越来越精细的格令框架。于是，李渔的园林营造体系就在突破现状的实质中，反而具有了疑似返古崇真的外在面貌。与"宜自然，不宜雕斫"的理念相应，李渔在构建园林时，首重自然环境，使所筑园林和大自然融为一体。李渔这样追求与大自然相融，恐怕与当时"决意浮名，不干寸禄，山居避乱，反以无事为荣"的士人心态有关。同时，明末清初的"王明心学""公安性灵"思潮兴起，促使艺术领域内开始张扬个性，突出审美主体。李渔出身商层，世俗的追求进一步刺激了他"不喜雷同，好为矫异"的率然天真的表现欲。芥子园小巧玲珑，富有诗情画意，此园中"无心画"、笠翁雕像、"梅窗"等，充分显示了李渔的个性追求。

由截然不同的内核趋势而导致相近类似的"古雅自然"的表面状态，是中国古典园林发展史上由于特定的历史因素造成的。抗衡，相融，交错，在喘息和蜕变中角力前进，是整个中国古典私家园林进程中最后一次复古思潮的"回光返照"。

"月迷津渡"的武陵源，在具体的时空内被后世出于种种或同或异的心态进一步追思和重塑，并最终形成了寄托的现实空间载体——中国古典私家园林。中国古代园林介乎精神和现实之间的衔接性，使复古主义思潮留下的印记有了清晰可寻的现实状态，中国古典私家园林中的复古倾向也因此成为社会整体中较为直观的分支。当然，中国古代历史中不同阶段的复古思潮在中国古典私家园林进程中的体现复古的精神动因和现实因素绝不止上文列出的这些，并且，仅此三种可能存在的表现，也绝非在孤立的时间段内单独存在，它们往往相互融合共同作用，和社会其他因素一起，推动了中国古典园林在总体特征既定的路线上前进和发展，从而具有每个时段每个地区园林独特纷呈的特征和姿态，并最终推动了中国古典私家园林艺术体系的成熟和完善。

第三节　寺庙园林

本节主要研究的是佛寺园林和道观园林以及禅宗园林等是如何通过佛教、道教、儒家思想的三者的相互融合与补充产生并发展的，对以后的研究寺庙园林起到一定的借鉴作用。

一、寺庙园林的基本概念

寺庙园林是佛教寺庙和道观祠庙的建筑合成的庭院，大多修建于自然风景秀丽的山林里，寺庙内种植着名贵的花木，寺庙周围又不许随意砍伐树木，寺外参天古树和寺内奇花异草相映成趣，雅致又不乏肃穆之感。这样的意境无不吸引着名人雅士来此研读诗书，修身养性。

二、寺庙园林的产生和发展

（一）魏晋南北朝时期

魏晋南北朝时期，随着寺庙的大量产生，出现了以寺庙场所为主体的寺庙园林。此时的寺庙园林不仅坐落在城内，更多是建造在风景秀丽的城郭近郊，寺庙园林内建筑密度很大，而且大多富丽堂皇，园林里环境优美，植物景观丰富，山水树木交相辉映，花鸟鱼虫悠然自得，好似世外桃源，人间仙境。东晋的慧远大师所设计营造的我国第一座山岳型寺庙东林寺落于庐山。优美的东林寺被描述为"远创造精舍，洞尽山美，却负香炉之峰，傍带瀑布之壑。仍石叠基，即松栽构。清泉环阶，白云满室。复于寺内别置禅林，森树烟凝，石径苔合，凡在瞻履，皆神清而气肃焉"。《洛阳伽蓝记》也记载描述了坐落在北魏洛阳城内外许多环境优美意境深远的寺庙园林，如"房檐之外，皆是山池。松竹兰芷，垂列阶樨。寒风团露，流香吐揄。寺有三池，景乐寺堂庞周环，曲房连接，轻条佛户，花蕊被庭"描写的是景明寺；从这些记载描述的场景中，不难看出此时寺庙园林的盛况。

（二）唐代

经历过魏晋南北朝时期的广泛传播，佛教和道教在唐朝已经达到了一定的兴盛局面。佛教的 13 个宗派也已经确立，道教自身的完整的体系也已经形成。寺庙的建筑规制也愈发完善，在古代供人们进行公共活动场所严重缺乏，而有着优美环境的寺庙园林则成了社会各阶层人们交往的公共中心。文人墨客来此吟诗作对，以文会友。普通百姓则来寺庙烧香敬佛。这样使得寺庙园林的庭院景观和园林绿化得到了进一步发展。寺庙内繁花似锦，寺庙外参天古木，鱼跃鸟鸣，交相辉映，因此全国各地的许多寺庙都成为风景名胜。

（三）宋代

到了宋代佛教禅宗的盛行吸引了大批文人来寺庙修禅，与禅僧探讨禅宗。因此宋代的寺庙园林的发展与文人士雅士和士大夫们有着密不可分的关系。他们喜欢清净、恬适，以及爱好崇尚自然山水的审美形态潜移默化地影响着寺庙园林的发展，寺庙园林的主导形态开始向自然山水转移，寺庙园林开始更多地修建到山野地高之地，内部注重营造典雅，清净的禅宗意境。"佛教四大名山"五台山、峨眉山、九华山和普陀山和"佛门四绝"也在这个时期形成。

（四）元代

元代以后，我国宗教种类更多，佛教和道教则从兴盛开始转为衰落，但是人们依旧不断地建造寺庙园林，然而此时的寺庙园林的营建中更多的是注重庭院内部的绿化，以及寺庙园林和周边自然风景相结合。

（五）明清

明清时期，随着寺庙园林营建达到顶峰，我国的造园技艺也趋向成熟。明代以后，北京成了佛教和道教的中心，北京的西山、香山上建造了相当一批数量和规模较大的寺庙园林。这个时期的寺庙园林既有着唐代园林的世俗化又不乏宋代园林的文人化，与私家园林的风格越发相似。营建中为了形成与周边自然风景浑然天成的园林环境，而开始更好地结合场地的地形、地貌以等自然风景要素，力将人工建筑更好地融于自然山水。但相较于私家园林的私密性和小众性，寺庙园林有着更高的开放性和群众参与度。此时的寺庙园林大多已成为人们游赏、社交和文化交流的场所。

（六）近代

由于外来列强入侵，寺庙园林已经没有了之前的兴盛景象，特别是在八国联军侵华和抗日战争期间，众多的古迹文物被掠夺或是损毁。而好不容易留存下来的一些寺庙古迹又在"文革"期间遭受到破坏，我国的园林事业在此时出现了不可避免的停滞甚至倒退现象。

（八）现代

随着党对我国宗教政策的落实和我国旅游业的繁荣发展，寺庙园林越来越受到政府的重视，各地政府也开始斥资保护修缮和发展寺庙园林。现在寺庙园林也成了游客络绎不绝的旅游胜地。

我国是一个有着佛教、道教、禅宗等多种宗教的国家，儒家思想、佛教思想和道家思想一直是我国主流的传统文化。虽然古代儒家的中庸思想一直占据着思想界的主导地位，但儒学、道家思想和佛教思想三者也相互补充，相互渗透。佛教园林，道教园林以及祠庙等寺庙园林也存在有着各自特点的基础上，也相互融合，形成了我中有你、你中有我的格局。而且随着时代的发展，寺庙园林也将不断发展和变化，前景会越来越光明。

三、寺庙园林景观设计的特点

（一）具有公共游览性质

区别于私人专用宅院，寺庙园林在前期设计过程中，将广大游客和香客纳入了设计考虑范围内，不但可传播宗教信仰，且在某种程度上可供人游览和观赏。

（二）具有历史悠久连续性

寺庙园林与皇家园林最大的区别在于，寺庙园林不会因朝代的更迭而被废弃或摧毁，且不会像私家园林一般随着家业的衰败而遭受破坏。从某种角度来看，国内部分寺庙园林运营时间长达数百年，具有较强的稳定性与连续性，因此，在设计寺庙园林景观时，应紧紧结合原有景观园林基础条件，景观材料尽量选择古朴自然、具有禅意的元素，减少人工痕迹。

（三）选址均以名山胜地为主

对于寺庙园林的营造而言，选址是其中一项较为关键的内容，在具体设计过程中，应坚持"因地制宜"原则，积极发挥自身地势或环境等优势，规避区位特点上的不足，通过有效利用寺庙所处地貌环境，如有效运用山岩、洞穴、水潭、溪涧、古树以及丛林等自然景观，实现自然雕饰，并通过一些点缀物，如，桥、台、亭、堂、佛塔、院墙、山门以及爬山廊等，自由组合其中内容，最大限度地发挥点缀效应，确保所设计园林景观有天然情趣，并充分体现宗教精神文化。

（四）天然加入人工思想设计而成

在寺庙园林景观设计过程中，为确保建筑、自然、文化三者之间关系的和谐，可充分运用自然构景的设计手法。传统寺庙园林在景观设计时，最擅长的是在建筑中融入自然事物或人工形式，沿地形结构建立根基建造房屋，善于运用园林建筑组织或剪辑景象，深化景观所要表达和呈现的意蕴，善于依山就势进行巧妙的设计和搭建等。

四、寺庙园林中生态设计要点

在我国四大古典园林艺术中，寺庙园林具有十分显著和独特的功能特点，而随着现代化发展的不断加快，寺庙建筑物与寺庙景观相互协调、相互促进、相互发展，渐渐发展为"你中有我，我中有你"的形态。魏晋南北朝时期，出现了最早的佛教景观，寺庙景观以科学化、合理化形式在寺庙景观中融入佛教理念，并始终强调景观传统文化形态，促使传统历史文化价值、保护价值以及审美价值等得以继承和发扬。在寺庙景观设计中融入生态设计，可加深寺庙文化韵味，幽静的寺庙以及如画的风景园林，提供了更加优美、舒适的修行场所，可净化人们心灵，更加深刻地领悟自然之美。

在设计正观教寺生态园林时，特别是植物配置方面，尽可能以"精·简"为主，即精致简洁。每棵植物的布置和选材追求工匠精神，力求场所与植物的完美融合。具体植物配置流程如下：（1）天王殿：山门—铺装—绿化带（苔藓景石、银杏、茶梅、高山杜鹃）—铺装—绿化带（造型松）—铺装—天王殿。（2）大雄宝殿：铺装—绿化带（竹、造型松、苔藓景石、鸡爪槭、银杏）—铺装—绿化带（银杏、紫薇、造型松、丛生白玉兰、乌桕、白皮松）—铺装—大雄宝殿。（3）藏经楼：铺装—绿化带（七叶树）—铺装—绿化带（沙朴、梅花）—铺装—绿化带（造型松）—铺装—藏经楼。

五、寺庙旅游开发的战略性研究

（一）劣势与威胁

绝大部分寺庙处于山地地区，当地交通运输条件落后，严重阻碍了各地文化的交流与融合，并在某种程度上影响了当地经济发展。

随着各地经济的快速发展，新文化与传统文化的冲突逐渐显现，两者难以有效融合，而如何进一步促使各类文化紧密联系，成为当地未来发展主要研究方向。

（二）旅游资源保护与开发

从性质上来看，旅游资源具有一定的生命周期性，加以保护旅游资源可有效延长其寿命，但从实际来看，旅游资源对旅游经济有着较强的依赖性，若未能做好相关旅游资源的保护工作，将直接造成经济损失。

人类生存的自然资源和社会资源出现严重问题时，人们才意识到应该拯救环境、拯救自然、拯救人类社会。为此，如何在人类社会中形成生态文明意识、扩展旅游资源保护共识，形成可持续发展，成为此次方案设计的重任所在。

综上所述，作为我国四大古典园林之一，寺庙园林在建筑结构和景观设计不断发展的今天，寺庙园林设计发生了改变，逐渐朝"景中有庙，庙中有景"的方向发展。寺庙在建设的过程中，也通过植物与建筑体、水系等相互配合，组成"风道"，以便将清新凉爽的空气引入其中，提高环境的舒适度。寺庙的景观设计，不仅仅是物质上的美化功能，更是一种实用型的设计智慧，也是彰显禅宗意境，并在宗教文化熏陶下思考与追求美学创造性。

第四章 外国古典园林艺术

第一节 法国古典主义园林

法国古典主义园林形成于 16 世纪中叶，并在 17 世纪下半叶达到了造园水平的巅峰。在近 200 年的发展历程中，留下了大量优秀的园林作品，并在相当长的时期内引领着欧洲造园艺术的发展。

回溯历史，大约在公元 460 年，法国就已经有了关于游乐型花园的简单描述。当时，这些花园的主人以王公贵族居多，克莱芒主教曾在信中提到其湖边的别墅和花园游廊。此时的花园虽具娱乐性，但仍以实用性为主，栽种果树、蔬菜、草药等植物，这一时期可以看作是法国园林发展的萌芽时期。

中世纪初期，修道院庭园和王公贵族的花园大多在高大的墙垣或壕沟的包围之中，空间封闭，规模狭小，形式简单。关于克莱弗修道院的一则中世纪文献曾提道："园子里果木成林……水渠划分园子成方形布局，并做灌溉之用。"这种简单朴素的布局形式成为法国古典主义园林形成的胚胎。此后，在这类花园中观赏植物逐渐增加，并开始出现修剪的观赏树木。但总体来说，受限于当时经济社会发展水平，12 世纪以前的法国园林造园艺术尚处于较低水平。

大约在腓力二世（1165—1223）统治时期，法国领土开始扩大，巴黎渐渐成为全国的经济中心，手工业和商业的繁荣发展促进了经济的发展，造园艺术也开始快速发展，造园内容越来越丰富多样。1337 年，英法百年战争爆发。在战争初期，法国受挫，加之疾病瘟疫的蔓延，法国人口锐减，经济发展极为缓慢，造园艺术基本处于停滞状态。战争于1453年以法国胜利而告终，国家经济随后也进入复苏期。路易十一（1423—1483）统治时期，基本完成了国家统一。15世纪末期，法国受到意大利文艺复兴运动的影响，造园艺术有了新的发展。花园中的建筑要素由哥特式变为文艺复兴式，出现了模纹花坛、雕像、岩洞等要素的点缀，有些花园甚至采用多层台地的布局方式，这些造园要素与手法极大地丰富了园林的内容。这一时期的花园功能以游憩观赏为主，但依然保留着种植和生产的功能，总体造园手法比较粗放，布局上缺乏整体感。16世纪中叶，随着中央集权的加强，法国园林有了新的发展，不仅关注造园要素，而且将花园与府邸作为一个整体进行规划设计，园林布局呈现出规整对称的特征。阿奈府邸花园是第一个将府邸与花园整体设计的作品。

16世纪下半叶至17世纪上半叶，法国园林取得了长足进步，并且在学习意大利文艺复兴园林的过程中试图结合本土特点，寻求创新性发展。与意大利的山地环境不同，法国地域辽阔，平原、丘陵约占国土总面积的三分之二，加之点缀其间的郁郁葱葱的森林，形成了典型的法国地域景观特征，这为规模宏大、广袤无垠的古典主义园林提供了生长环境。这一时期的园艺世家莫莱家族，在理论著作与设计实践领域均为法国古典主义园林发展巅峰的到来奠定了坚实基础。克洛德·莫莱是刺绣花坛设计手法的开创者，他与儿子安德烈·莫莱的著作《植物与园艺的舞台》提到了花园的布局和花坛的实例。安德烈·莫莱的著作《愉快的花园》则完善了花园总体布局的规划模式。我国学者陈志华在《外国造园艺术》一书中，将这一时期称为"法国早期的古典主义时期"。随着几何学和透视学在欧洲的发展，以及理性主义哲学在欧洲哲学领域的盛行，法国古典主义园林提倡规则有序的造园理念，布局注重严谨、庄重，植物要素以修剪的绿墙、绿篱为主，无不体现唯理主义思想。

到17世纪下半叶，意大利、西班牙、英国、德国等西欧国家在发展的低谷徘徊。而法国绝对君主制的政治体制形成了经济繁荣、社会安定、文化辉煌的大发展时期，也推动了其园林向君主专制宫廷文化的古典主义演进道路上发展。作为皇家御用文化的古典主义体现了"理性"的哲学思想，君主被看作是理性的化身，绝对君权与理性主义是法国古典主义园林造园艺术走向成熟的重要基础。在法国古典主义园林发展的巅峰时期，最具有代表性的人物是勒·诺特尔，他为法国国王路易十四设计的凡尔赛宫苑成为古典主义园林的重要代表作。其规模巨大，仅花园面积就达 100 公顷，建造历时 27 年之久。花园在规整统一的空间格局下，具有宏大震撼的中轴线、变化多样的丛林园、艺术精湛的喷泉雕塑，还有花坛、绿墙、大运河、林荫道，这些共同构筑了路易十四的伟大梦想。勒·诺特尔一生设计和改造了大量的花园作品，表现出高超的造园才能和杰出的艺术天赋，并将法国古典主义造园艺术传播到了西班牙、意大利、俄国乃至整个欧洲，影响极为深远。

在历史演进的长河中，法国绝对君主制在 18 世纪初期开始走向衰落，古典主义思想逐渐被自然主义思想取代。英国的启蒙运动传播到法国，也带来了不小的冲击。18 世纪下半叶，法国园林的造园风格发生了翻天覆地的变化，转变为自然风景式风格，并受到英国与中国造园风格的极大影响，展开了一场浪漫主义的造园运动，其中最为人们熟知的案例就是凡尔赛宫苑的小特里阿农王后花园。小山丘、假山岩洞、溪流环抱的小岛、自然式种植的植物，无不展现出崇尚自然的造园特征，构成了典型的自然风景园。

18 世纪末的法国大革命极大地影响了法国历史进程，也对法国园林的发展产生了重要影响。随着法兰西第一帝国的建立，拿破仑及其第一任妻子约瑟芬十分喜爱自然风景式园林，加之贵族们重新拥有财富后的审慎生活方式，华丽的规则式古典主义园林被风景式造园运动所代替。随着 19 世纪 30 年代法国工业革命的开展，以巴黎为代表的大城市人口迅速增加，城市环境越来越差，人们呼吁更优美的城市居住空间。拿破仑三世登上皇位后，积极推进巴黎城市的现代化建设，1853 年任命奥斯曼男爵为塞纳省省长，负责巴黎改造，巴黎城市美化运动由此正式展开。在这样的背景下，法国园林开始了与城市紧密融合的开放化发展过程。城市公共空间有所拓展，功能和手法上也有了新的发展。巴黎城市既保留了勒·诺特尔式的恢宏轴线景观，也努力将自然引入城市，为人们提供休闲娱乐的开放空间。

19 世纪末，伴随着城市化进程的加速，法国现代园林进入新的发展时期。这一时期建成了大量优秀的公园，包括雪铁龙公园、拉维莱特公园、高迈耶公园等，它们继承了法国古典主义园林发展巅峰时期恢宏庄重、严谨有序的造园手法，同时又结合现代城市对公共园林的诉求，将开放、共享、活力与生活融会于公园之中，让法国园林在整个欧洲现代园林的发展进程中留下浓墨重彩的一笔。区域规划与城市规划对法国现代园林的发展也产生了重要影响。以巴黎区域规划的提出以及巴黎国际现代化工业装饰艺术展览会举行为开端，法国现代园林的发展经历了从城市规划的附属到城市建设的主体，再到领土景观的整治，反映出与古典主义园林相同的地域特质的秉承，从要素到形式、再到空间，无不彰显着法国独有的地域景观特征。

第二节　意大利台地园

一、意大利台地园产生的背景及原因

14 世纪文艺复兴运动开始，意大利的造园艺术渐渐复苏，此后人文主义者渴望古罗马人的生活方式，向往西塞罗提倡的乡间住所，这就促使了富豪权贵们纷纷在风景秀丽的丘陵山坡上建造庄园，并且采用连续几层台地的布局方式，从而形成了独具特色的意大利台地园。台地园随着历史的发展，出现了一大批水平很高的园林。在世界造园艺术中耸起一座独特的高峰。

意大利特殊的地理环境和气候条件，成为意大利台地园形成的重要原因，意大利位于欧洲南部的亚平宁半岛，半岛和岛屿属于亚热带地中海气候，平原和谷底夏季闷热，而在山丘上，白天有凉爽的海风，晚上还有来自山林的冷气流，温和的气候加上政治上的安定和经济上的繁荣，吸引了大量的贵族、大主教、商业资本家在此修建华丽的住宅，在郊外经营别墅作为休闲的场所，意大利造园由此出现了适应山地、丘陵地形的独特的台地布局方式。

二、意大利台地园的特点

意大利台地园突出的特点之一，是十分强调园林的实用功能。意大利人喜爱户外活动，建造庄园的目的首先是营造一个景色优美、适于安静居住的环境。因此花园被看作是府邸的室外延续部分，是作为户外的起居间来建造的，因而也就由一些几何形体来构成。

意大利造园家们显然更喜欢地形起伏很大的园址，因为这样的地形更有利于创造出动人的效果。他们充分利用地形来规划园林，地形决定了园林中一些重要轴线的安排，也决定了台地的设置、花坛的位置与大小、坡道的形状等。建筑物的位置安排，也要考虑其与台地之间的关系。因此台地园的设计，从一开始就是将平面与立面结合起来考虑的。一般愈接近城市，坡度愈小，则台层相应较少，高差也不很大；距离城市愈远，则坡度愈大，也就需要设置更多的台层，其间的高差也较大。

（一）轴线

台地园的布局一般是轴线对称的几何形。庭园轴线有时只有一条主轴，有时分主、次轴，甚至还有几条轴线或直角相交，或平行，或呈放射状。早期的庭园中，各台层有自己的轴线而无联系各层之间的轴线；至中期则常有贯穿全园的中轴线，并尽力使中轴线富于变化，各种水景，如喷泉、水渠、跌水、水池等，以及雕塑、台阶、挡土墙、壁龛、宝坎等，都是轴线上的主要装饰，有时完全以不同形式的水景组成贯穿全园的轴线。轴线上的不同景点，使轴线具有多层次的变化。

（二）建筑特点

建筑常位于中轴线上，有时也位于庭园的横轴上。府邸一般设在庄园的最高处，作为控制全园的主体，显得十分雄伟、壮观，给人以崇高、敬畏之感，在教皇的庄园中常常采用这种手法，以显示其至高无上的权力；或设在中间的台层上，这样既可以从府邸中眺望园内景色，出入也较方便，也不占据主导地位，给人以亲近感；或由于庄园所处的地形、方位等原因，府邸设在底层，接近入口，这种处理方式往往出现在面积较大，而地形又较平缓的庄园中。

除主建筑外，庄园中也有亭、花架、绿廊等，尤其在上面的台层上，往往设置拱廊、凉亭及棚架，既可遮阳，又便于眺望。此外，在较大的庄园中，常有露天剧场和迷园。露天剧场多设在轴线的终点处，或单独形成一个局部，往往以草地为台，植物被修剪整形后做背景及侧幕，一般规模不大，供家人或亲友娱乐之用。此外，园中还有一种建筑叫作娱乐宫，供主人及宾客休息、娱乐用，也有的专为收集、展览艺术品，这种建筑本身往往也十分华丽壮观，成为园中主景。由于采用台地园的结构，各种形式的挡土墙、台阶、栏杆等就应运而生了。这些功能上所需的构筑物，在意大利园林中，同时又是艺术水平很高的美化园林的装饰品，成为庄园的重要组成部分。此外还有花盆、雕像和各种喷泉。这些要素是建筑向花园的延伸和渗透。台阶、平台、挡土墙和栏杆通常用白色石头、高低错落、描画出平台的节奏，在常年浓绿的环境中，很有装饰性。花盆和雕塑通常用来装饰台阶、栏杆、挡土墙、平台等等，它们使花园更活泼多姿，更有生气。

（三）水景设置

意大利花园里，水起着更多的作用，它是独立的造园要素，这里的水主要是动态的。奔流的水给花园带来了动感、光影和清冷的声音，它们生机勃勃，充满了生命感，像园林的血脉，再现了水在自然界的各种形式，有出自岩隙的清泉，有急湍奔突的溪流，有直泻而下、飞珠溅玉的瀑布，还有链式瀑和台阶瀑。链式瀑级差小，台阶瀑级差大，也叫水台阶，这些水最后注入水池，池里常常养鱼，供人垂钓。最富有活泼生趣的，把水的美发挥得淋漓尽致的，是各种各样的喷泉。它们或者跟华丽的亭、廊之类的建筑物结合，或者跟雕像结合，或者跟大石盘结合，它们可以是看不见的小喷嘴，藏在水池边上，树根下、草丛里、石板缝之间，这些比较自然，它们数量很多、处处喷涌、微沫随风轻飘、滋润得满园清凉。而最有巴洛克特色的"机关水嬉"

则是一些恶作剧的喷嘴，藏在看不见的地方，游人无意中踏到机关，水就会从四面八方射来。

（四）植物搭配

意大利台地园中的植物常见的有松、柏、月桂、夹竹桃、橡树和悬铃木，还有黄杨。黄杨和柏树很耐修剪，常常被修剪成各种几何形状、花瓶、飞禽走兽等等，也常常被修剪得整整齐齐。在草地斜坡上组成字母或者花坛里组成装饰图案，园内小径的两侧也常常有经过修剪的绿篱。这种修剪树木的艺术，叫作"绿色雕刻"。

经中世纪到文艺复兴，修剪树木的传统始终不衰，一般的，用冬青属或柏树剪成方正整齐的高绿墙或低矮的绿篱。花坛是由剪成各种几何形状的黄杨组成的图案，都是对称的，四季常青，以不同深浅的绿色为基调，尽量避免一切色彩鲜艳的花卉。巴洛克时期，绿墙也很有变化，不只是简单的、平直的，有些修剪成波浪形或其他曲线形状，点缀一些绿球，有的用绿篱组成迷阵。

树形高耸独特的丝杉，又称意大利柏，是意大利园林的代表树种，往往种植在大道两旁形成林荫夹道；有时作为建筑、喷泉的背景，或组成框景，都有很好的效果。由于意大利花园几乎只种常绿树，花卉极少，所以四季变化不大，这既是一个优点，也是一个缺点，避免了寒冬的萧瑟，却也失去了金秋的明媚。

三、文艺复兴时期意大利台地园

（一）意大利台地园概述

别墅园是意大利文艺复兴园林中最具代表性的一种类型。别墅园林多半建立在山坡地段上，就坡势而做成若干的台地，即主建筑位于山坡地段最高处，前面沿山势开辟多层平台，分别配置保坎、花坛、水池、喷泉及雕像，各层台地间以蹬道相联系，轴线两旁栽植植物作为庄园与周围环境的融合过渡，即所谓的台地园。

（二）意大利台地园形成的背景及原因

特殊的地理环境和气候条件成为台地园形成的重要原因。意大利位于欧洲南部亚平宁半岛，属亚热带地中海气候，境内山地和丘陵占国土面积的 80%。平原和谷地夏季闷热，山丘白天有凉爽的海风，晚上有来自山林的冷气流。温和的气候与政治的安定吸引了大量贵族、主教和资本家在郊外经营别墅，由此意大利造园出现了适应山地、丘陵的布局方式。

（三）意大利台地园的主要特色

台地园的通常布局为主要建筑物通常位于山坡地段的最高处，在它的前面沿山坡而引出的一条中轴线上开辟一层层的台地，分别配置保坎、平台、花坛、水池、喷泉、雕像。各层台地之间以蹬道相联系。中轴线两旁栽植高耸的丝杉、黄杨、石松等树丛作为本生与周围自然环境的过渡。这是规整式与风景式相结合而以前者为主的一种园林形式。

台地园的另外一个特色是理水的手法远较过去丰富。每与高处汇聚水源作贮水池，然后顺坡势往下引注成为水瀑，平湍或流水梯，在下层台地则利用水落差的压力做出各式喷泉，最低一层平台地上又汇聚为水池。

装饰点缀的"园林小品"也极其多样，那些雕镂精致的石栏杆、石坛罐、保坎、碑铭以及为数众多的、以古典神话为题材的大理石雕像，它们本身的光亮晶莹衬托着暗绿色的树丛，与碧水蓝天相掩映，产生一种生动而强烈的色彩和质感的对比。

四、文艺复兴时期意大利台地园的造园要素

（一）轴线

台地园是依山势开辟的几层方正平坦的台地，主体建筑置于中轴线或局部轴线上，布局多是对称几何形。庭园有时只有一条主轴，有时分主次轴，

还有几条轴线或直角相交，或平行，或呈放射状。初期庭园中，各台层有独立轴线而无贯穿各层的轴线；至中期则出现贯穿全园的中轴线，且富于层次变化，各种水景、雕塑、台阶都是轴线上的主要装饰，有时仅以不同形式的水景组成全园的轴线。

（二）水景

由于意大利台地园布局紧凑，高差大，顺势利导引入山泉水，布置各种跌水、喷泉，形成气氛活跃的景观。初期庭园内，水池外形以几何形为主，水流依地形变化形成瀑布、水阶梯等常规水景。中、后期庭园水景开始追求新奇的效果，水池外形丰富，如法尔奈斯庄园的蜈蚣形链式水景和贝壳形水盘。在水景处理上，不仅注重水的光影与音响效果，还以"水"为主题形成多彩的水景。

（三）石作

石作包括平台、台阶、栏杆、挡土墙、雕塑等要素，这些都是建筑向花园的延伸。由于台地园建于山上，要分层塑造台地，挡土墙、栏杆、台阶能够削弱各级台地间的不协调，因而成了不可或缺的要素。在文艺复兴后期，尤其注重对台阶、栏杆等视觉焦点的精细处理。

（四）植物景观

文艺复兴时期，人们以"自然服从秩序"为原则，追求图案美和几何美。因此台地园出现了将树木修剪成各种形状的"绿色雕刻"或拱门、廊道的"绿色建筑"；将树木修剪成"绿色剧场"或绿丛植坛及迷园。从建筑上俯瞰时，这种图案式构图有很好的观赏效果，故其多设置在建筑前的平台和底层台地。意大利夏季气候炎热干燥，植物配置时常选用深浅不同的绿植造景，色彩淡雅均一。后期庭园植物配置受法式花园的影响开始注重色彩、形状的对比。

五、文艺复兴不同时期台地园的特征及实例

（一）文艺复兴初期

佛罗伦萨是文艺复兴发源地，人文主义者的实践唤起人们对别墅生活的向往，佛罗伦萨郊外肥沃的土壤、郁葱的林木与丰富的水源为建造庄园提供了理想的场所。初期台地园多建在丘陵坡地上，选址时注意周围环境，要求有可远眺的前景。园地顺山势辟成独立的多台层，无贯穿中轴线。建筑位于最高层以借景园外，风格保留中世纪的痕迹。喷泉、水池常作为局部中心，并与雕塑结合，形式简洁。绿丛植坛是常见装饰，多设在下层台地上。快速兴建的植物园既丰富了园林植物的种类，又加强了游憩功能。

菲耶索勒美第奇庄园建于 1458—1462 年间，由建筑师米开罗佐设计，坐落在阿尔诺山腰的陡坡上，视野开阔。庄园由三级台地构成，受地势所限上下两层稍宽，中间层狭窄。入口设在台地东端，进门后有小广场，西侧是半扇八角形水池，背景是树木和绿篱组成的植坛，导向明晰。建筑前庭是开敞的草地，点缀大型盆栽。西面有独立而隐蔽的花园，当中为椭圆形水池，围着四块植坛。建筑与花园相间布置的方式既削弱台地的狭长感，又使建筑被花园环绕，四周景色各异。下层台地采用图案式布置方式，便于居高临下欣赏。庄园虽无豪华的装饰，却以杰出的设计手法，通过简洁的空间布局，形成与周围景色和谐的整体。

（二）文艺复兴中期

16 世纪，罗马继佛罗伦萨后成为文艺复兴运动的中心城市。教皇尤里乌斯二世让艺术师的才华充分体现在建筑的宏伟壮丽和花园的豪华气势上。中期台地园布局严谨，有明确轴线贯穿全园，以水池、雕塑及台阶、坡道加强透视效果。园中理水技巧娴熟，注重水的光影和音响效果。植物造景上由常绿植物形成了高低不一的绿篱、绿墙及绿色剧场的天幕，迷园形状日趋复杂，花坛、喷泉由直线变成曲线造型，令人眼花缭乱。

罗马美第奇庄园建于1540年，以选址优良、布局精心和王宫般的府邸著称，由建筑师李毕设计，坐落在罗马城边的山坡上。它构图简洁，两层台地以矩形植坛为主，建筑坐落在顶层露台上，前面有草地植坛和方尖碑泉池，面对别墅的一侧是树丛，将视线引向长平台两端。平台尽头是围墙和伞松树丛，透过树丛望去景色迷人。底层台地由矩形绿丛构成，东南上方有观景平台，由此经一片树林通向帕纳斯山丘。庄园的造园要素简单，但尺度很大，与建筑相协调，建筑掩饰了地形的起伏变化，并使视线在空间上富有变化。在顶层平台上越过底层花园的树梢和挡墙，可欣赏300m开外花园中朦胧的树丛，景观上互为借景，浑然一体。

（三）文艺复兴后期

17世纪下半叶，意大利造园从高潮逐渐走向没落，造园风格背袭了最初的人文主义，反映出巴洛克艺术的非理性特征，此后与巴洛克艺术同期的法国古典主义园林登上历史舞台。

园林艺术出现追求新奇，表现夸张的倾向，园内充斥着繁杂的装饰小品，建筑物体量偏大，占有统帅地位。水景新颖别致，绿色雕塑的形象和植坛的花纹日益精细，同时暴露出滥用整形树木的特点，形态不自然。花园形状变为矩形，并在四角加上各种形式的图案。花坛、水渠、台阶多设计成流动的曲线型，林荫道纵横交错，整体用透视术造成幻觉。

阿尔多布兰迪尼庄园先由建筑师波尔塔在1598年开始建造，到1603年由建筑师多米尼基诺完成，水景工程由封塔纳和奥利维埃里负责。庄园坐落在阿平宁山半山腰的小镇上，府邸前庭视野开阔，两侧平台上是小花园，布局十分华丽而巧妙。厨房的烟道移至平台两侧，成为装饰性小塔楼，与府邸融为一体。由于具备山林和乡村环境中庄园重要的标识性作用，府邸建造在山坡上，充分利用了自然条件。

第三节　英国自然风景园林

英国自然风景园林是英国对世界园林艺术最伟大的贡献之一。但是，长期以来，英国自然风景园林与中国传统园林的关系是中外学者争论的问题：第一，英国自然风景园林是否受到过中国传统园林的影响；第二，影响有多大？本节以一个外国学者的视角，通过分析比较中西方不同园林所体现的要素、设计手法、表现方式，论述了英国自然风景园林的起源、中国传统园林的特点以及中西园林的相互影响；通过梳理大量史料，分析中国园林西传等问题，较全面地研究了英国自然风景园林与中国传统园林的历史渊源。

一、英国自然风景园林

英国自然风景园林是一种打破传统几何布局，亲近"自然"的园林，是英国对世界园林艺术最伟大的贡献之一。18世纪早期，这种园艺风格仅可以在英国斯托海德风景园中欣赏到。到18世纪晚期，这种自由布局的园艺风格已成为一种时尚，遍布欧洲各地，被称为"英中式园林"。

但这又与中国有什么关系呢？古今的一些学者认为，这种关系是微乎其微的。18世纪初，如果不是中国园林的某些特定元素在很多城市干道和沿街花圃中体现出来的话，多数园艺师或者花园业主对中国园林的了解，还不如那些从未到过中国却能用一小段话描述中国园林的英国外交官。在他们看来，"中式"只不过是研究不规则的事物而已。但雕刻艺术和文学作品逐渐传播到欧洲，有力地证明了有关英国新园艺时尚与中国园林传统的联系。直至18世纪末，当欧洲大陆普遍采用中国园林的设计风格，尤其是当法国园艺文学作品夸大中国在这一方面的成就而贬低英国成就时，实践作品很好地解释了"英中式园林"的真正含义。英国究竟借鉴了多少中国园艺，长期以来，是一个有争议的问题，但这两者的相似性是毫无疑问的。

时至今日，有关中国园艺和传统格调仍随处可见，所以适当的交流总结始终是利大于弊的。

二、中西园林的相互影响

首先，18世纪中期的英国园林，其模仿中国园艺的两个不可或缺的基本要素是建筑和选址，特别是选址，要与周围景色相得益彰，登楼远眺，美景尽收眼底。和中国园林相似，英国园林艺术与绘画艺术密切相关。漫步于匠心独用的中国园林内，就好像一幅绚丽的画卷在游客面前徐徐展开。

在中国，多数亭台楼阁不仅用于观赏、短暂的休憩之地，往往为诗人、艺术家和哲学家闲暇之余独享，凝视自然之美并体悟其韵意。"求知阁"就是这样一个场所，通常作为琴棋书画、吟诗作赋的佳苑。17世纪的中国园林专著——《园冶》这样记载：诗人们在此欢聚一堂，曲水流觞，吟诗作乐，飘飘欲仙，好不快活。

《园冶》对空间的细微划分、材料纹理及风格差异的敏感度，毫不逊色于18世纪坚持风景如画园艺理念的欧洲人。但中国园林设计初衷并不是单一地拼凑自然景观，而是把园林元素通过"联想"和"象征"这两种中国园林构思的重要手法映射到大自然之中。"联想"手法：如，园中曲折变幻的小路，宛若嬉戏玩耍的小宠物；枯藤老树，酷似老人的身体，却给人一种充满活力的印象。"象征"手法：如，松树代表沉默和风骨；莲花，桃树和牡丹等均以其各自的象征意义，在中国园林的元素构成中交相辉映。特别是莲花，生长过程可以比作人类精神发展的进程；莲花从湖底污泥而出，象征脱离物欲世界；透过湖水，象征崛起的情感；在空气中自由呼吸，象征精神世界；面向太阳展示着它完美的花瓣，以此来阐述人文精神和佛性的真正含义。

巧妙的水系设计是中国园林的又一大特点。皇家园林圆明园与承德避暑山庄等，水系设计的用地比例远远高于同级别的欧洲园林。水系设计，如果不能就地取水，通常是挖凿沟渠和开辟孔洞，然后用精挑细选出的石头修砌河道、池塘；融入假山设计，以雕琢自然为基础叠石造山，共同象征大自然山水意境，中国园林也因此闻名于世。

在中国皇家园林中，圆明园、颐和园旧址的风格与欧洲的联系最为密切。这两个中国皇家园林均受到外来因素的影响，未完全按照中国传统园林进行设计和规划。圆明园始建于 18 世纪初，由康熙皇帝设计营造，在乾隆年间（1735—1796 年）早期进行了大规模的扩建，非常巧的是，英国的斯陀园和斯托海德风景园建造也是在同时期完成的。乾隆年间的扩建，陡峭的山峰和宽阔的湖泊、富丽堂皇的大厅以及上百所建于海岬岛屿或湖边之上亭台楼阁点缀的广袤疆土，均打破了中国园林传统婉转的意境。

由于传教士和游客的描述，以及乾隆皇帝委派宫廷画家在 18 世纪中叶所做的绘画、木刻作品，圆明园比其他中国园林在欧洲更具影响力。同时，圆明园也包含了浓郁的欧洲园林元素。1747—1759 年间，郎世宁和其基督教会同事设计的一系列大理石及砖瓦建筑，如雨后春笋般林立于圆明园一角，融入了欧式华丽的巴洛克风格；与此同时，精美雕琢、纤巧烦琐的洛可可艺术样式也在这些建筑物中应运而生；强有力的曲线，卷形花纹和漩涡花饰，以及博罗米尼式的椭圆形落地式窗户，均象征了中国源远流长的文化。不仅如此，郎世宁等人在这些高大华丽的建筑物外部，还设计了精巧、传统的花园；值得一提的是，精通机械的伯诺伊特神父精心设计的喷泉也位列其中。但欧洲园林设计师似乎并不擅长琉璃瓦屋顶的设计，在圆明园中许多琉璃瓦的外形，与路易十四时期结合精湛的石雕技术所创造出的特里亚农陶瓷有些相似。

三、中国传统园林及其西传

1860 年，英国军队洗劫了圆明园，五大园区及其所有的附属建筑均付之一炬。在焚毁过程中，除了少数的中国式建筑幸免于难外，部分意大利风格的石材建筑因其良好耐火性能得以幸存。瑞典美术史专家、哲学博士喜仁龙，1922 年前来参观废墟遗址时拍下的废墟中残垣断壁的照片，提醒中国匠人应该斟酌欧洲石材建筑的奇妙之处。

军队的暴行证明了中式楼阁并不经久耐用。但是建设者重视思想和传统的持久性，并且也期望楼阁能够经受自然灾害的考验——在防御地震方面，已经有所成就。中式楼阁通常都是在木质结构和石头的基础之上建造的，并且屋顶通常由木桩作支撑。外墙不承重，仅作为简单的围护结构，整栋房子始终处于"开敞"状态，因此，房主可随心所欲地与自然环境亲密交流；此外，楼阁也可作为看台，清晰地展示窗前屋后的风景。另外支撑柱也可由栅栏或装饰栏杆进行连接，交错纵横，盘旋而上。众多楼阁的框架模式在《园冶》及中国楼阁设计的相关书籍中均有详细记载，部分设计模式还应用于夹杂有中式风格的欧洲建筑中。

楼阁的装饰效果均有一定的规格限制。根据其精确角度设计建筑物倚靠平行、垂直交叉组成线性结构；流线型屋顶有显著的装饰效果，楼阁平面形状可以是圆形、方形或多边形，在高度方向上层层退进；长廊也是不可或缺的一部分，可以延伸、贯穿不同的风景。然而，这种露天长廊与欧式风格有时略显不协调。《园冶》记载，长廊是园林不可或缺的一部分，随形而变，依地而曲，时藏时露，变化丰富，许多界墙和桥梁均蜿蜒曲折。因为正如威廉·坦普尔所说：大多数中国园林之美正是在于它的不对称之美。

中国园林所强调的原则——既适合于大型园林也适用于中小型园林，其中一个原则就是强调园林应该是外部世界的缩影。中国式园林是一个内向型的空间，自内观望、自给自足，借助大量的传统手法和常规符号创造景观错觉。通过这种方式，中国式园林获取了一种和自然世界相关联的方式，这种方式是在以几何学和对称原理为理想准则的 17 世纪的欧洲园林中未曾遇见的。事实上，在欧洲内部也存在着民族差异：勒诺特设计的宽广的大道和草坪是不会和荷兰人所喜爱的小尺度的花丛及灌木修剪相同的。多数园林被设计成一种用笔直的道路将园子刻板的横切成点状模式，成对用于水景的缸壶和雕塑环绕主干道，树丛则像有一定间隔的苹果园一样点缀其间。

因此，到过东方的欧洲旅行者可能会注意到其中的差异并对中国园林做出评价，当然他们的解释也有一定的局限性。威廉·坦普尔是一位外交家、作家及园林鉴赏家，一生未到过东方，但是他很渴望能向去过的人学习。

1654 年，妻子向他推荐了平托的《远游记》，激发了威廉·坦普尔对东方的旅行者记述中所展现场景的浓厚兴趣。1668 年出使海牙，之后因《尼霍夫使团》而闻名，在其被翻译成英文之前，威廉·坦普尔关于北京的描述也是基于此书。威廉·坦普尔在 1690 作的《关于崇高美德》随笔，吸纳了尼霍夫等人的思想内容，赞扬了中国的政治组织和孔子的智慧，同年发表了《伊壁鸠鲁的园林》的评论，影响了下个世纪的园林景观及建筑。

1685 年退休期间，威廉·坦普尔在自己的庄园中写下了上述评论，充分享受着研究伊壁鸠鲁所带来的乐趣："伊壁鸠鲁"在他的庄园里度———个研究、学习、训练的地方，一个教授哲学的地方度过了一生……威廉·坦普尔自身也有着不凡的品位，他所见过的"最完美"的园林是位于赫特福德郡的摩尔园，这所公园的设计遵循常规的样式：起伏的坡地，桂树侧围的沙砾小路，相互掩映的喷泉和雕塑；较低处的园林设计了洞穴和一些果树；在房子的另一边是"原始自然、绿树成荫、用粗糙的石材和喷泉装饰点缀"的园林。威廉·坦普尔认为这样的整体是最适合乡村和英国的气候的，同时也对其理念作了如下限定：

我所说的园林的最佳形式，只是指一些常规的样式，因为或许还有一些其他非常规的形式，也会显得更漂亮，但是这些都归因于某种在自然场所中独特的布局，或是在设计中所包含的民族喜好，这些手法可以将许多不一致的部分和谐地统一到整体的轮廓中。其中有我曾在一些地方见到过的，但是更多的则是通过那些在中国有所见闻的人转述而来，中国园林广阔的设计思路和欧洲有着惊人的一致。在欧洲，建筑和园林之美主要是置于一种特定比例之下的对称、统一，排列成行的道路和树木，相互对应，保持着精确的距离。但中国园林想象力发挥的极致是通过视觉展现美的形象和轮廓的设计，不去刻意布局有秩序的序列在中国园林中是很常见的现象。虽然我们对于这种美几乎没有概念，然而它们有一种特殊的使人眼前一亮的表达语言，比如"Sharawadgi"或是类似的手法。任何观看过优秀的印度长袍或是绘画作品的人，会发现它们的美都属于这种没有秩序的美。但是我不我们对这种园林风格进行尝试，因为对于普通水准的人去完成、实现它们太困难了。如果成功了，会带来更多的荣耀，但若是失败了，则会带来更多的负面影响，并且失败的可能性较大。而对于我们所熟知的规则的外形设计，则很难犯低级错误。

这篇经常被引用的文章的来源是值得推测的。威廉·坦普尔本是通过尼霍夫的作品和前辈们的见闻，学习到中国园林构图手法，包含小丘、曲径、溪流、瀑布、石头、湖、桥等元素和散布的小型建筑。但是威廉·坦普尔却远远地超越于此，他宣称这些都是源自一种有意识的、不规则的设计或是"Sharawadgi"的美的哲学。由于这个观念在 17 世纪的欧洲是全新的，以至上述被引用的文章被称为"在英语中最使人惊奇的作品"。我们很想知道威廉·坦普尔是自己从旅行者的描述中以及中国的绘画图片中推断出这种不规则的审美，还是从他与回到欧洲的旅行者的谈话中明确的这一点。威廉·坦普尔应该是和一个叫沈福宗的中国人交谈过，此人 1684 年被一个比利时耶稣会教士将带到了欧洲，并于 1687—1688 年间——在威廉·坦普尔的文章发表之前，访问了伦敦。沈福宗会见过一些英国社会的名流，英国宫廷画师克内勒爵士为詹姆士二世绘制过沈福宗的肖像画，画中他手握十字架，带着略显忧郁的微笑。但是如果威廉·坦普尔的信息来源是出自本土的中国人，那他为什么要将其归至不权威可信的"其他人，那些跟中国人生活相处很多的人"呢？威廉·坦普尔信息的提供者的确是欧洲人，他明确表示——不是以前的传教士，就是可能在他执行外交任务期间遇见的使节，特别是他在海牙供职的三个任期中，在那儿他很容易和在 1655—1657 年间出行到中国的荷兰人讨论中国的园林。

"S haraw adgi"这个被威廉·坦普尔使用的词是另一个谜，因为无论在当时还是现在，它似乎在中文用法中没有任何与之对应的词，一种意见是这个词语是将"散乱"和"疏落"两个中文词结合在一起，因此它的完整意思是"故意凌乱而显得趣味盎然"，这应该就是威廉·坦普尔的中心思想。这个词在 18 世纪被一个认为适用于正在发展中的英国园林的作家采用过。有时"Sharawadgi"这个词和它的几个替换词仅被用来表示原始、质朴的自然；

1713 年一个旅行者将"由规则的绿化和沙砾组成的园林"和"异常自由无拘束的自然"以及"在原始树林中生长的宏伟树丛的 Sharawadgi 的美"做过对比，但是更为常见的"Sharawadgi"不仅意味着不规则，而是意味着经精心组织的不规则，正如威廉·坦普尔提出的：一个美妙的设计是"那种普遍易见的，没有任何刻意布局有秩序的序列"。这种布局方法在英国普遍传开时，建筑也被给予了艺术不规则的外轮廓，但是这种实践并没有延伸到大多数仍然保持纯对称风格的中国园林的建筑中。

目前，通常认为威廉·坦普尔的文章《伊壁鸠鲁的园林》是英国景观园林最原始的促进因素，但是可以想象倘若有关中国的信息从未跨越海峡，自由式布局园林同样可以繁荣起来。的确，约瑟夫·艾迪生!对用自然原始、不规则的种植，取代多数花圃中严谨的灌木修剪及错综曲折产生的视觉影响，有效地推动并引发了对中国式园林的实践。约瑟夫·艾迪生还留心了法国和意大利，在那儿我们可以看到大范围的融合园林和森林所覆盖的土地，它们在每一个地方都展现出自然的魅力，而非我们传统的略显人工粗拙的整洁之美。其实这种景观园林不需要去中国寻找它的样本，因为"人工粗拙"在某种程度上已经存在，其中包括勒诺特设计的大型规划，甚至威廉·坦普尔在摩尔园中赞赏的那些规模较小的规则布局的园林，都要用附近原始、自然的森林来均衡。

认为约瑟夫·艾迪生只是简单地释义威廉·坦普尔的见解是有误的，事实上他对中国园林的意象做了巧妙的更改，使之更易被欣赏者接受。在威廉·坦普尔的记述中，中国园林不赞同欧洲比例对称和统一的视觉美，因此约瑟夫·艾迪生提出了更为温和的见解，认为中国人更崇尚经过他们巧妙修改过的自然景致。威廉·坦普尔曾劝告过业内人士不要对中国园林的美进行任何创新的尝试。除了约瑟夫·艾迪生之外，那些英国园艺家们坚持传统美的原则，修剪每一棵树和灌木时，都强制将它们转变成规则的形状序列。在威廉·坦普尔开创性的评论中，并没有包含对中国园林比例、尺度的指导，但是约瑟夫·艾迪生却臆断中国园林都是典型的园林尺度，并质疑为什么一整片庄园不能通过重复地栽植而成为一种园林呢？然而，在后续的表述中却展示了中国园林在这种自然作品中的天分。

亚历山大·蒲柏更加强烈地认同艾迪生的箴言，他力推用"Sharawadgi"代替对称的小径和树林。在一定程度上，蒲柏在位于汀克汉姆的自己的庄园里实践了他的箴言。甚至于在蒲柏1719年购买土地之前，斯蒂芬·斯威策已经开始拆掉土地与外围环境之间的栅栏。

接下来的几十年里，受斯威策思想影响的人，在努力的增加公园时，更多地将精力投入到中国传统园林的风格中。园林风格的变革并不是突然发生的，许多时候通常是耳濡目染渗透到园子中。为了模糊边界线，墙和围栏降低成沟渠，木质岸泊和水系巧妙地融合拼接，蜿蜒的小径取代了轴线布局，逐渐弱化笔直大道尽端的建筑，呈现步移景异的视觉效果。在我们现在看来完全成熟的园林艺术，直到十八世纪三十年代才基本成型。1734年，有记者这样报道："威廉·肯特自然风景式园林概念的提出，标志着英国大型园林开始了普遍性变革——抛弃轴线设计。"人们试想着艺术法则从未如此运用而产生的美丽景象，根据人们描述的中国景象，完全试着展示没有笔直道路与规则设计的一种自然风景。

这一时期中国园林的特征以不同的方式展现于世。意大利耶稣会的马国贤神父在1708年经由伦敦旅行到达北京，由于当时的康熙皇帝对雕塑不感兴趣，随即他转投入到绘制中国园林风景画中，很快便尝试制作风景版画，通过制作铜版画——这种新鲜的表达方式，取悦康熙皇帝。马国贤是第一个抵达热河的欧洲人，在做出初步的印刷版面，并取得相关艺术领域的成就后，被派往承德避暑山庄，开始制作皇家园林36景图。

版画的制作过程历经数次踏勘避暑山庄，版画内容最初始于宫廷画家沈渝，而其中几套则分布于皇室家庭的成员之间。康熙皇帝去世后，成员不多的耶稣会面临诸多困难，马国贤乘船返乡抵达伦敦。他抵达的消息迅速传播，受到了乔治一世国王及伦敦市长的重要接见，中国园林成为谈话中重要的一部分，此后在许多场合中不断提及。当结束为期一个月的伦敦之行乘船离开时，他至少留下了热河三十六景图版画中的其中一块，随后成为德文希尔公爵＾的收藏品，至今仍保存于伯灵顿图书馆——最令人兴奋的中国园林展现于世的证据之一。在马国贤游历的时候，柏林顿第三伯爵正在准备和威廉·肯特酝酿运用新的园林理念，设计新的方案，用于他位于奇西克的庄园中，设计中包含着对不规则构图的批判，而就在此时，马国贤对大型皇家园林的权威性记述恰到好处地出现，使得伯灵顿伯爵和他的同事们重新审视、学习、研究马国贤铜版画中的中国园林特征。直到那些有影响力的群体开始关注，马国贤的册子才取代之前混杂的猜测和之前用于出口的市面流通的绘画作品，而文字描述的传承和曲解从威廉·坦普尔的文章中第一次出现后，至此而终结。

马国贤对中国园林的描述直到 1844 年才作为回忆录的一部分以英文发表，也许正是基于这个原因，中国园林的历史暂时被忽略了，但这的确表达了马国贤在英国期间对于这个课题的看法。康熙皇帝的畅春园便是其中典型例证之一。

同中国其他园林一样，畅春园的审美与欧洲园林大不相同：在欧洲，寻求用艺术的手法排除自然的影响，干涸的湖泊、笔直的道路、大规模的喷泉、成排有序的绿植等。中国恰好相反，用艺术的手法，努力地模仿自然。因此在中国园林中，有迷宫一样的假山，穿插在一些曲直各异的林间小径……湖面点缀小岛屿，辅以休闲小屋，通过桥、船登上岛屿，当皇帝嬉戏疲惫的时候，由侍从服侍在此休息。

在 1720 年的英国人眼中，认为画中美好愉悦的情景是马国贤的版画用来证明传教士所说的田园生活，或许在中国园林中马国贤找到了罗马城周围平原中同样的乡村生活，并以此用来定义中国园林的典型特征。即使我们考虑到经过两个半世纪视觉感受的巨大转变，至今看到这些版画仍然令人很难相信，马国贤笔下的中国园林画像，展现了生长着稀疏低矮树木"荒山景象"。这里流动的是湍急的溪流，不是英国园林中平缓的溪水；建造在热河"荒野中"的皇家园林承德避暑山庄，也不是教皇及皇室宗亲所能理解的。宗教的描述没有为读者展现如此地势险要的景象，只有那些专注热爱中国文化的家族，在英国六郡中重现了马国贤所描绘的中国市园林的风景。

总而言之，马国贤所展示的建筑与自然景色相比，少了令人生畏的冷峻。那些建筑以单体或小建筑组群形式出现，造型简洁，带有起翘的屋顶。大部分是单层，但是有一些小宝塔是两层或三层。浅弧形拱桥很精致，步行道通往湖边，墙上有一些漏窗和月亮门形成的圆洞。用马国贤自己的话说，这些避暑的房子风格迥异，每一座都精妙绝伦。

这些建筑物曾经对英国人有过吸引力，但是，中式建筑并没有迅速地在英国园林中传播，对英国园林变革的影响也是逐步进行的。大量建设没有具体功能的园林建筑，在18世纪20年代看来是新鲜事物。然而这些变化却与帕拉第奥对英国建筑的巨大影响是同时产生，这些建于1715—1740年的寺庙和娱乐场所大都采用了古典形式，但是自由的表现形式有多种，建筑的形式是其中要素之一。因此在18世纪40年代，哥特式和中国式建筑成为园林建筑方面取代帕拉第奥主义的新形式。直到18世纪60年代，它被认为是理想的建筑对比形式，用来搭配不同的公园形式。

也许，在人们观赏到之前，无论马国贤的版画是否成为伯灵顿的私有财产，已经随着时间而流逝了。直到1751年约瑟夫·斯彭斯在给罗伯特·惠勒牧师的信中写道：我最近见到了36幅描述当今中国皇帝的一个巨大庄园的版画，整个地面没有一条规则的林荫路，它们看起来在自然风格方面超越了我们当前最好的设计师，甚至超越了威廉皇帝时期传入英格兰的荷兰风格。

斯彭斯对中国园林风格有着浓厚的兴趣，他是将中国园林细致迷人的描述给欧洲读者的第一人，那个时候帝国的遗产——圆明园，还没有受到巴洛克风格的影响。斯彭斯使用哈利·博蒙特爵士的笔名，翻译了《北京附近中国皇家园林的特别描述》，这是一封由耶稣会士王志诚 * 写于1743年的信。这封信曾于1749年在法国刊发过，但却在英国造成了轰动的影响，并于1760年以英文进行了多次再版。因为在英国，无论是风景园林，还是东方情调的流行都呈上升态势。王致诚娴熟地写道：有柱廊的休闲房屋建立在隆起的山坡上，山坡上兽群灵动，绿树成荫；与欧洲不同的是，庄园的建筑物之间用零散排列的岩石连接，仿佛这些阶梯都是自然生成的一般；桥梁由砖石块、木材组成，与园中小径一样，蜿蜒盘旋；桥上饰以圆柱形栏杆和浮雕作品，风格各异；桥中或桥尾辅以小的阁亭点缀。

王致诚描述了对称的中国宫殿与模仿自然的景观园林，这是中国皇家建筑与其他园林最为重要的区别。耶稣会士肯定了上述概念的区别，因为他们苦恼地认为，欣赏不同风格的建筑会受惯性思维影响。因此，中西方人均难以彻底地欣赏、理解彼此的建筑风格。但从另一个侧面来看，他能够欣赏、理解中国的建筑风格，表明了其他人同样可以融入中国园林的文化意境。

第五章 中外园林艺术的融合

第一节 中外传统园林规划建设特点研究

本节尝试从中外传统园林形成的渊源中探索各种园林形式存在的深层原因，揭示园林是人类最初所憧憬的理想居所，园林不同的表现形式是当地居民的宗教、文化、气候等综合原因所形成的结果。

人们心目中的理想生活环境是什么样子，园林所呈现的面目就是什么样子，园林即是人们理想化的生活居所。由于世界各个国家所处的环境不同，园林的营造也呈现出不同的形式，本节即尝试从人类对理想居所的憧憬角度，探索不同国家园林营造形式的渊源。

一、国外传统园林营造的形式表现及其渊源

（一）树荫、芳香和水的园林模式与伊甸园

伊甸园，是表示喜悦、欢乐的园林，它是欧洲古典园林的起源。人类怀念着伊甸园天堂般的日子，仿照故事里的场景创造出了人间的乐园，这在仿建的伊甸园图中可见一斑。在这个园里，有一条河流做源头，分出四条河流以象征伊甸园的四条支河，园中遍植树木花草，以仿照伊甸园中的食物来源果树和香气……这种造园形式直接影响了后世园林，开创了欧洲园林树荫、芳香和水的模式。

（二）所罗门植物园与圣经植物

圣经中提到许多关于无花果、葡萄、石榴、木樨树、橄榄树等果树和凤仙、玫瑰、丁香等芳香型植物的描写，吸引着以色列人在园林中大量种植。以色列的第三个君王所罗门时期就曾在《传道书》中有过记载："我于是扩大我的工程，为自己建造宫室，栽植葡萄园，开辟园囿，在其中种植各种果树，挖掘水池以浇灌生长中的果木。"

（三）埃及中央水景园与干燥少雨气候

埃及靠近赤道，气候干燥，雨水稀少，不适于树木的生长，因此埃及人民对于树荫和水有很深的渴望，故而树木与水池是园林中最主要和最重要的构成部分，形成了特有的中央水景园。这在图2雷克马拉庭园有明晰的表现：这是一个矩形的庭园，四周围着高墙，入口是埃及特有的塔门，高墙之内成排地种植着埃及榕、枣椰子、棕榈等庭园树木，矩形水池围在园林中央，池旁还建有亭子。园中的树木果实可以食用；树荫之下，既可以纳凉休息，还可以埋放死者；园中的花卉植于花坛之中，供人欣赏；水池中养着莲之类的水生植物，水中养着水鸟、鱼类……

（四）美索不达米亚森林式狩猎园与洪灾防治

位于底格里斯、幼发拉底两河流域的美索不达米亚，土地肥沃，天然资源丰富。生活富足的美索不达米亚人民虽不用担心灌溉的问题，却要忧虑每年的洪水灾害。森林地带能够有效固定土壤，防止洪灾。故而参天巨树、绿树浓荫这种森林式的狩猎园受到当地人的推崇。亚述王蒂格拉思皮利泽一世的猎苑就是其典型的代表。在这个园林里种植着香木、葡萄、棕榈、丝柏等各种树木，绿树成林；亚述王还在林中饲养了野牛、鹿、山羊甚至大象、骆驼等动物；园林宛若自然界中的真实森林，吸引人们去探索研究。

（五）希腊生产性园林与生活至上

希腊地处地中海沿岸，属于典型的地中海气候，冬能避寒风袭人，夏能迎凉风送爽，阳光明媚，温度宜人。这里的人民热爱生活，热衷于户外活动。

因此在他们的园林里体现的是生活化的场景，大量种植果树和蔬菜，具有浓郁的生产色彩。荷马的英雄史诗《奥德赛》中所描述的阿尔喀诺俄斯王宫殿的庭园即是这种生产性实用园的典型例子。这个庭院果树园里种满了四季开花结果的梨、石榴、苹果、无花果、橄榄、葡萄等果树，规则齐整的花园里则种遍植蔬菜，还有两个喷泉供栽灌庭园和居民使用。这个生产性园林既可以提供每日新鲜的菜肴，又可以奉献树上的各种果实，极大地方便了人们的生活。

（六）罗马柱廊园与微气候调整

一年有四季，人们总是免不了要受到冬冷夏热的干扰，为此，受希腊影响也热爱生活的罗马人想到了以柱廊园来调整居住庭园微气候的方法。典型的如劳伦提努姆别墅的柱廊园，它的园路铺满沙砾，路面上空葡萄藤缠绕，绿荫蔽日。庭园内布满了无花果树和桑树，柱廊即从这里延伸出去，柱廊的一排排窗既可观海又可赏园，关键是可以进行微气候的调节：在春冬之季，柱廊既保证了充足的日照，同时又挡住了东北风和西南风，并减弱了来自各个方向的风力，从而使柱廊内成为温暖宜人之地。而到夏季一日中最热的时分，阳光恰恰直射在柱廊的屋顶上，柱廊内便成了纳凉之处。推开窗户，西来的微风频频吹入，防止了因空气不流通而引起的郁闷。

二、中国传统园林营造的形式表现及其渊源

（一）山水园林与昆仑神话

在西北高原居住的人民，以他们梦幻般的想象力，为我们构建了昆仑神话——一个天帝和众神在地上的居所。那是一个宽八百里、高达万仞的高山，有玉做槛栏的九口井和各种神树，四周是流沙河、黑河和赤水环卫，神灵和神兽看守着它，任何外物都不能靠近。这是一个理想的高原生活环境：没有任何外界侵扰，由神树神井提供的饮食，生活乐无忧。

昆仑神话中所描述的高山、流水和树木经过演化，成为后世几乎无园不

山，无园不水的山水园林模式的源头。

（二）一池三岛与蓬莱仙岛

在沿海之滨居住的人民，以他们的生活环境为背景，想象出了一幅理想的生活场景——蓬莱神话：在无风三尺浪的大海上，有三座仙岛——蓬莱、方丈、瀛洲。仙岛上有宫阙苑囿、珍禽异兽和神芝仙草，岛上以仙果仙草和如酒般的泉水为食，不仅美味且能令人不老不死。人们憧憬着这种海上仙岛的生活，并以之为范本形成了后世一池三岛的园林布局。

汉武帝时扩建的上林苑即是一池三岛园林形式的典型案例。上林苑方圆300里，里面有12门、36苑、12宫殿、25观。其中最著名的要数建章宫，宫北建有太液池，太液池有10顷之广，中间布置三岛，岛上有各色动物、奇树异果和仿照仙人楼阁建造的琼楼玉宇，一派生机盎然的现象。

事物表面所呈现的结果均有其渊源，形式各异的园林形式后面都有其存在的深层次原因。这些渊源历经时代的沉淀，已让我们忘记了它最初的面目，这让我们在做园林设计时常常只能照葫芦画瓢，无法做出更深地联系我们生存环境的现代景观。因此，我们不仅需要知其然，还需要知其所以然，这样才能更好地更新传统文化，做出更有内涵和底蕴的现代景观。

第二节　中外园林展的对比与国内园林展

我国的园林展种类多样，举办过世界级的世界园艺博览会，多数国内园林展会时尽管成功地吸引了众多游客来园参观，但是会后的后续利用仍然是个大难题。文章在国内外相关研究成果的基础上，结合德国、法国等典型国家的园林展为例，探讨对比中外园林展的规划目标、主题及内容、运作模式、场地选址、展后维护、后续利用等，总结出对我国园林发展的影响和启示，为利用和共享园林展的历史资源与研究成果提供一定的参考。

一、中国当代园林展现状

在中国各大城市所举办的当代中国园林园艺博览会（EXPO）、园林节（garden festival），可分为 3 个级别。

（一）国际级别的园林园艺博览会——世界园艺博览会

迄今为止，中国已经举办过"1999 年中国昆明世界园艺博览会""2006 年中国沈阳世界园艺博览会"和"2011 年中国西安世界园艺博览会"三届世博会。

（二）国家级别的园林园艺博览会——园博会、花博会、绿博会

目前我国国家级别的园林博览会有 3 种：由建设部主办的中国国际园林花卉博览会（简称园博会）；由中国花卉协会主办的中国花卉博览会（简称花博会）；以及由全国绿化委员会和国家林业局主办的中国绿化博览会（简称绿博会）。

（三）省市级别的园林园艺博览会——江苏省园艺博览会

江苏省园艺博览会由省政府主办，省住房和城乡建设厅、省农委、市政府共同承办，自 1999 年开始，已举办 7 届，一般展览会期历时 1 个月。相对于国家级大型的园林园艺展，各省市地方性的园林展则在活动内容上更加丰富，贴近市民生活。

二、中西方当代园林展的关系

园林展作为园林（园艺）展览，最早出现在 18 世纪的欧洲，在公园产生后逐渐发展起来。基于当时欧洲社会与文化背景，园林展也应运而生。中国当代园林展由西方国家传入，自 1999 年昆明世界园艺博览会后，各种级别的园林展在中国纷纷开始发展起来。

然而通过对比中西方园林史的研究，不难发现，从古代到近现代的园林

发展，二者都有很大的差异性，虽然其间有过一些交流和传播，但几乎都是流于表面、形式上的模仿或昙花一现，所以中国园林展的发展必然有着不同于国外发展的历史轨迹。让国外园林展的思想理论和展览模式，通过历次举办后的归纳总结，吸取其符合中国的某些方面，再加之于园林展中，融入中国特质，这才是形成中国特色当代园林展发展模式的必由之路和根本方法。

三、中外当代园林展对比

（一）园林展的规划目标与策略

园林展发展到今天，作用越来越综合，影响也越来越大。然而，不同的时期、不同的历史条件、不同的国家和区域背景下，园林展的规划策略往往是以某一最为鲜明的目标为规划的出发点，形成具有各自特色的规划策略。

法国的园林展一般以促进园林事业发展为主要目标，其目的在于展示花卉园艺的各种成果，园林技术的最新发展，并给园林设计师提供交流思想、展现概念的舞台，从而起到推广园林艺术，促进园林园艺行业发展的作用。德国的园林展则以完善城市绿色开放空间和特殊地区改造为主要目标。

相比之下，中国当代园林展的目标则主要集中在单一推动旅游休闲产业上，对于周边区域的带动作用并不明显，也没有很好地考虑绿地系统的建设，展园往往偏远孤立。

（二）园林展的场地选址

选址往往根据规划目标选定，中国当代园林展办展年数尚短，对于展园场地的选择还没有形成一整套符合中国特色的模式。在举办国际级别的诸如世界园艺博览会以及国家级别的展会时，多半因为对场地规模要求较大，而选择在城市新区通过系统的规划设计来为展会新建展园。而在某些省市地区，以促进园林行业发展交流为目的的屑林节事展览活动，则会选择在已建成公园中举办。

（三）园林展的主题及内容

欧洲的园林展一般是园林、园艺和相关艺术的多功能展览，内容包括：主题花园、家庭园艺花园、各种观赏类植物花园、各种经济类植物展览、农作物展览、室外花卉展览、公共艺术展览、各种景观材料展览、各种园林设施展览、各种园林技术展览、室内花展、墓园展等。一般的公园设施也一应俱全，这些设施有些是临时的，有些是永久的，不仅在展览期间发挥重要作用，也为展览结束后的大众公园打下基础。

中国的园林（园艺）展览内容也越来越综合，与国外的展览相比，游人参与性的设施相对较少。一般在展会中，以室外的景园展示为主体部分，由各省市出资建造，一般作为永久性的展品来设置，受到展示面积的限制，只能运用一些当地特色性植物和园林小品作为一种符号，来象征地域性文化和历史，而对园林前沿性科技和设计思想的发展关注少。在欧洲作为展览重点之一的家庭花园，在中国园林展中也基本没有体现。

（四）园林展的组织和运作模式

在各国不同的制度下，展会的组织过程有所不同，但往往都是政府牵头，然后由具有一定国家性质的企业、公司进行市场规律运作。

国外建造展园的费用一般通过门票和参展厂商的参展费回收，参展商不仅要掏钱买展位，还要自己出钱建造展园。建造展园的一些材料，特别是小花园的材料也由参展商提供，这大大减少政府的投入，也使政府的投入和产出更易平衡。而参展商通过提供自己的产品也借助园林展这个平台为自己做广告宣传。

中国园林展虽然正逐渐与国外相接轨，也寻求市场发展机制，但目前由于办展模式不够成熟，影响力有一定的局限性，所以多数仍然依靠政府的支持。作为展览精华部分的室外展园，多摊派到各省或城市，由各地政府筹划资金，演变成各地政府显示经济实力的舞台，导致游赏公众的兴趣不高，这也是目前中国园林展组织运作及发展方式的一个弊端。

（五）园林展的展后维护及后续利用

目前中国为举办园林展所建造的展园还很少，展后维护模式主要是通过室内外展园的设置，组织相关展会活动，再以相关展示内容为主题的会后公众性公园，大部分展园予以留存作为一处博览性主题公园去运作管理。转型过程无可避免会遇到一些问题，首先就是游客数量的减少，其次就是高昂的管理运作成本。

四、国内园林展的启示和发展建议

一届成功的园林展需要城市政府、规划设计师、参展商、观众之间有机地协调和融合。许多园林展的举办都需要新建展览公园，迫使城市拿出相应的土地。城市在基础设施建设和环境改善上也必须投入巨资，园林展可以改善城市的结构和环境，同时也促进经济发展；设计师必须充分利用展览园的土地资源，满足综合展览的需要，并充分考虑展后的利用问题，将展览本身与城市的发展紧密地结合；参展商要通过最好的展品展示自己的实力与产品的品质，并通过展览宣传自己；四面八方的游客为看到其他地方所见不到的东西，体验新的景观环境和文化环境。

不过，园林展的意义绝不仅仅局限于展览本身。将园林展融入百姓的生活、以市场而不是以行政手段运作园林展、拓宽展览的范围、将展览办成园林新思想的展示而不是地方微缩景观的展览、将园林展与城市和更广阔的区域联系起来、将园林展与区域生态与环境改善联系起来，这些都是中国园林应该努力的方向。

第三节　中外园林元素古典与现代的艺术

世界三大造园林系分别为中国系统、欧洲系统和西亚系统。在这三大体系中，身为一位中国人，能为中国拥有这样的园林体系而感到自豪。园林也随着世界发展在变化，古典园林瑰宝散发着光芒照亮了历史时间河流。高新技术的发展，21 世纪的到来，现代艺术的生长，园林景观也随着时间在创新，在突破。本节先简要概括中外古典园林的基本特征，然后从园林的四大基本要素举例分别分析现代城市园林的改变与创新。

一、园林风格分析

中国古典园林。众所周知，中国园林是以自然谢意山水园的风格著称于世。

中国园林风格的形成主要受到传统思想文化的影响。中国古代传统文化思想对中国古典园林的影响以及人对自然美的认识和追求，常常与社会活动相关。园林的发展也与诗歌有着密切的联系。清代钱泳在《履园丛话》中说："造园如作诗文，必使曲折有法，前后呼应，最忌堆砌，最忌错杂，方称佳构。"从中我们可以得出诗歌与中国古典园林有着必不可断的联系。

西方古典园林。西方传统园林也被称为规则式花园。西方传统园林在建造中有一种秩序和控制的意味。在建造园林过程中有多种形式与方法来体现这种秩序与控制感，有时与自然的杂乱无章形成对比，这是在西方传统园林建造中运用最多的手法；有时又与园林之外的城镇、都市的混乱感相联系；有时则与同花园相接的住宅生活有关等等。

二、园林四大要素

（一）植物

植物是组成园林景象必不可少的要素之一。在中国古典园林之中，私家园林中的建筑在园林中占的比重很少，像颐和园等皇家宫苑中主题建筑也只占一小部分，更多的是自然山水和植物。无论是中国还是西方无论是古代还是现代园林都是以植物为主要构成物。因此说，植物与园林不可分割，离开了植物的园林不能称为园林艺术了。

在现代城市园林中，纽约中央公园堪称运用植物的典范，由著名景观设计师奥姆特德设计。设计风格十分简洁，公园总体布局为自然风景式，主要体现的是草坪、树木与水。纽约中央公园是美国第一个向公众提供文体活动的城市公园。整个公园植物占比例众多，同时根据季节变化种植种类繁多，让每个季节的景色都不一样。

中国古典园林的植物配置中重视自然，在中国古典园林更是重视"意"与"技"的结合。在中国现代园林公园中，北京奥林匹克公园不仅仅重视了内在的运动精神，景物与现代建筑相呼应，还体现出现代建筑设计中新科技与新材料的不断创新，是北京奥林匹克公园在当代中国园林的标志。这是中国在现代园林中的一个创新立异。

（二）假山与石景

中国传统园林之中运用最多的是假山，西方园林之中运用最多的是石景。在现代化城市公园中，现在景观中运用最多的是雕塑，这些雕塑材质可能是石头、铁或者土。中国古典园林中的假山现在运用得越来越少，不仅仅是因为在制造假山过程中体积、工程量庞大，还是因为在现代都市的城市中假山的意境不能与现代城市公园相结合了。雕塑在园林中有不同的形态，这是现代艺术发展演变而来的一种历史必然。

在北京奥林匹克这个现代化的公园中，雕塑大多与公园的主题相互接应，都体现体育的精髓，在奥林匹克公园中雕塑成为体现奥林匹克精神的突出表现形式。在西方建筑中，雕塑与建筑之间有着必不可少的联系，雕塑在一定程度上与建筑相互呼应。在现代城市公园中，设计师在设计方面紧紧抓牢这一点，在现代城市公园中让雕塑与公园主题、建筑形成统一性。

在西方历史发展历史中，与崇尚人体美的思想分不开。因此在西方城市公园中，雕塑的表现形式是以人体为主。为了突出人定胜天的思想，设计师常把人体雕塑作为风景构图中的视觉点，在道路交叉口、广场中央、喷泉的水池中。随着现代艺术的发展，当代艺术是以波普艺术为主。所以现代城市公园中，有许多雕塑有着强烈的个人形式感。

（三）水景

水同时也是园林构成要素中的基本要素之一。水体在园林体现形式主要有湖泊池沼、河流溪涧，以及曲水、瀑布、喷泉等水型。

在现代城市公园中，水景的处理手法大多与古典园林中的处理手法大多相似，除去自然风光中的水景外，水景与雕塑相互结合形成喷泉等，但是现代科技的发展，现代城市公园水景中大多融入了现代科技元素，以达到设计者的理想效果，比如在水景喷泉中加入灯光效果。

不同的水景在景观布置中也是不同的。喷泉一般布置于视觉中心，如广场中央成为视觉焦点。

（四）建筑

建筑也是造园的要素之一。但是在古典时期中国和西方对建筑的理解是不一样的。中国古典园林对建筑分化很细，园林中的所有建筑都蕴含着写意。但是在西方园林中，主体建筑一般不算在园林建筑之内，因为在西方建筑中，园林艺术是以建筑为主体的，主要在于体现主体建筑，其他的花草树木、水体、雕塑等都依附于建筑。

在现代园林发展中，中西方的交流加强，现代园林设计者取长补短，在设计现代城市园林中，大多采用中西合璧的方式，将建筑与其他要素的相互照应，同时每个要素之间都有着联系，这样的城市公园才是让人感觉舒适的城市公园。

前文分别从园林的四个基本构成要素分析中外园林古典与现代的发展对比，得出古典与现代园林中的相似性和差异性。相似性是因为现代园林中许多园林设计要素中的处理方法继承古典园林的处理方法。而差异性是因为世界艺术的发展，时代的更替，当代艺术的盛行，现代园林设计师在设计园林中进行创新，与当今时代的艺术相互结合，从而形成现代城市公园的新局面。

第四节 中外园林艺术及中国现代园林发展方向

几千年的园林发展史，见证了中国人的勤劳与智慧。中国园林文化在世界园林领域中，以其独到的内涵和特有的风格，成为世人瞩目的焦点。然而，随着时代的变迁，各国园林艺术也在不断地发展，相比中国园林艺术，国外的园林造诣也以其完整、理性、和谐等特点，逐渐在世界园林领域崭露头角。因此，我们中国园林艺术，不仅要在原有的古典园林艺术基础上，保存其中国化特征，还应该结合现代的理念思想，进一步发展，才能在世界园林领域处于不败之地。本论文将从中国园林艺术现况分析着手，结合中外园林艺术对比情况，着重探析中国现代园林在未来的发展方向。

中国园林艺术，是人类用几千年积淀的成果，同时也是中国人勤劳与智慧的见证。在世界造园艺术中，中国园林工艺，集典雅、精致、含蓄、沉静等美于一身，成为世界园林艺术领域里一道亮丽的风景。国外的园林艺术，多体现在几何与线条的完美搭建上。与中国古典的园林艺术效果最显著的不同是，外国园林艺术注重"人工"塑造，而中国的园林艺术看中与自然的完美融合。然而园林艺术也是一门博大精深的艺术，只有不断发展，才可以在世界园林领域占有不败之地，中国现代园林需要对中外园林艺术进行深入的研究，吸取我国古典园林艺术之精髓，去其糟粕，结合西方园林文化的理性思想，才能使中国现代园林得到更好的发展。

一、中国园林目前发展状况

中国园林造诣有着历史悠久，历年来，以自然为"美"是中国园林创作的最基本诉求点，因此，中国园林艺术多典雅、别致，以"秀"取胜。中国园林艺术以模仿自然山水、草木虫鱼为主，虽由人工细作，但却可巧夺天工，胜似自然之山水风光。一般情况下，中国现阶段的园林艺术，多以优雅、别致、婉静、深邃为最佳创作意境，通过模仿自然天成之状，用三维的空间效果，将二维愿景发挥到最佳状态。中国园林制作多曲折多变，虚实相应，借自然之景，创造出山水之趣，让人们在生活中体验到如同山水般的乐趣。

然而，时代在发展，社会也在进步，国外的园林艺术，在结合自然化运作的同时，还融入了现代化的理性构想，大气而壮观，不仅也可以达到一取天工之妙，同时，还能很好地迎合大众的口味，让生活在现代的人们没有距离感。中国的园林造诣，如果一成不变走以前的老路，不知革新和与时俱进，势必会退出世界尖端园林造诣之林。

二、中外园林艺术对比

想要跟上时代的脚步，走在园林造诣领域的前沿，分析国内外园林艺术的差异，分析对比状况，找出差一点，进行取长补短，是非常有必要的。

独有的地方性特征和内涵，形成了中国园林造诣独具特色的艺术风格。中国古代园林结合自然山水、鸟兽、虫鱼的灵动气息外，还展示了厅、堂、轩、馆、楼、阁、榭等中国特有的建筑造诣。因此，园林不仅仅是用来观赏的，还可居住游玩，修身养性。中国的园林造诣中，主题是自然，建筑是辅衬，建筑不但不能压倒主体，而且应该突出山水，应顺其自然，将自然与建筑进行完美的结合。相比中国园林艺术，西方园林艺术与中国古典园林艺术大相径庭。西方造园艺术讲求设计完整，内容和谐，主题鲜明。它看中理性构思，惯用几何线条构思，每一道工序，都要从方方面面去考虑它的真实性和可操作性力，体现出严谨、理性。精心细致地按照几何结构和数学原理进行构建，让自然接受匀称的现代科学法则。

从构建的特点上来说，西方园林讲求人工化，其建筑物一般宏伟而壮观，以园林中轴线为对称的起点，主题不是自然，而是建筑，这正好与中国园林造诣相反。其园林布局严谨，严格地遵循对称的模式和几何关系，强调秩序美。比如说，他们会在园林中开辟多条对称而有规格，笔直而宽阔的道路，并将水池、喷泉、花坛、雕塑等小型精致的建筑分别以点状形式，分布在道路的纵横交叉点上。

如果说中国园林艺术的美表现在自然这一方面，那么西方园林的造园的美则表现在比例协调和对称上。值得注意的是，西方园林中布置的每一道工序都是通过严谨、精确的计算的，没一件物体的位置和关系，形状和大小、长与宽的比例都是按照原有的设计和研究去逐一执行的。比如说，园林中的植物绝对不允许自然生长的千奇百怪的形状，而是完全被修剪成统一的几何形状，而其他花坛、水池、喷泉等物体则是被严格地设计成椭圆、方形或圆形，以达到最佳的视觉融合。

三、中国现代园林发展方向

摸准国际园林发展动向，在保留我国国有本土特征和文化理念的同时，与时俱进，与国外的园林艺术部分可取元素进行完美融合，是我国园林工艺发展的客观趋势，同时也是时代进步的要求。

中国现代园林建筑发展至今，依旧需要延承中华民族本有特色和文化的精髓，精细地研究中国古代园林造诣中的可取之处，进行更好的延续和创新，进一步挖掘中国园林文化中潜在的有价值。要打破故步自封的现状，中国园林艺术家们经过对中国传统园林与国外园林艺术进行深入研究，提炼出中国园林文化的本土特征与西方园林文化的精髓，需找"自然"与"理性"的契合点，在尊重中国古典园林造诣的基础上，合理而科学的国外可取的园林表现形式，在现代文明和传统文化完美结合的基础上，努力寻求一种既不同于传统文化，又不失传统园林文化精髓的现代园林设计创意理念。

我们在现代园林建设中既要继承传统手法，又要有所创新。在传承中华博大精深的民族文化的同时，还应该顺应时代的发展，努力创造出具有现代特色而又不失中国园林原有的典雅沉静、含蓄平淡、天人合一的美学风范。与此同时还应该借鉴国外园林设计的科学性和严谨性，在保留中国园林文化的本土特征的同时，汲取西方园林文化的精髓，打破局限构建思维，融入现代生活的环境需求和设计理念。

　　总而言之，中国现代园林的发展，既不能生搬硬套我国古典园林的设计形式，也不能完全依赖于西方园林的模式，只有采取严谨的态度和积极探索的精神，去分析我国古典园林艺术的精髓，以及国内外园林发展的现状，不断地进行改革和创新，才能建设出具有生命力、感染力和创造力的现代园林。

第六章 风景园林导论

第一节 风景园林与生态

随着人们生活水平的不断提升，人们对生活质量的要求也在不断地提高。在现如今的风景园林的设计中，只是简单地满足城市外在形象设计的要求是无法满足人们的深刻要求的。高质量的风景园林设计不仅要起到美化的基本作用，而且需要在美化环境的同时起到涵养水土、阻挡风沙、吸附灰尘提供氧气等作用。一个良好的园林设计可以在生态调节、气候调节的过程中发挥巨大的作用，有利于提高人们的生活品质。通过在风景园林的设计中，充分考虑人们的生活习惯和特点，尽可能地满足人们的生活需求，可以给人们建造一个和谐、舒适的居住环境。由此可以得出结论，在风景园林的设计中，植入生态设计的元素，有利于全面提高人们的生活水平。本节就以风景园林与生态为题，对风景园林中生态设计的概念进行介绍，对在风景园林设计中需要遵循的原则进行逐一说明。

一、风景园林景观设计中进行生态设计的概念

随着社会经济规模的不断扩大，我国的发展也进入工业化阶段。虽然目前我国正在进行深刻的经济转型，但快速、粗放发展造成的后遗症也在不断地显现，在工业化发展的过程中，城市周边的自然环境遭到严重的破坏，自然环境的破坏也严重制约了城市经济的发展。在人居环境中，进行风景园林的设计，有利于涵养水土、防砂防尘、吸收人居环境中的有毒物质等。除此

之外在人居环境中进行生态设计有利于改善人与自然的关系，使人类和自然和谐地相处。在风景园林设计中加入生态设计的元素，有利于推动社会的可持续发展，也有利于全面推进人与自然的和谐相处。

在风景园林设计中进行生态设计的含义是在进行风景园林的设计中，充分保护生态环境，减少对生态环境的破坏，强调人与自然的和谐相处，把风景园林的设计考虑在对生态环境的保护之中。与传统的风景园林设计理念相比较，基于生态保护的当代风景园林设计理念更加注重对生态环境的保护，强调人类只是生态系统中的一部分，人们的生活需求不应以破坏生态系统为代价。

二、风景园林景观生态设计遵循的原则

生态性设计。在风景园林设计中进行生态设计要求在园林设计中最大限度地发挥植被作用。要求植被在风景园林的设计中除了发挥美化环境的作用之外，还要参与到防沙固土、涵养水源、清洁空气的作用中来。为确保生态设计有效地发挥出正常功用就要求在生态设计中异地制宜地进行植物种类的配比设计。在空气污染较为严重的地区，例如煤电厂、化工厂附近，可以多利用黄杨、女贞等植物，这些植物可以有效地对空气中的有害物质进行吸收和固定，减少环境污染。在灰尘污染较为严重的地区，可选择种植一些可有效吸附灰尘的针叶植物。

因地制宜的原则。在进行风景园林设计的过程中，进行设计的依据不能只是考虑外形效果的美观，应当根据当地的实际情况，科学合理地选择风景园林设计中利用的植物种类。在当地的环境特点下，植物的成活率、种植费用、后期管理难度等，都需要景观设计师根据实际情况进行充分的考虑。因此在风景园林景观设计中，应该对当地的实际环境特点进行考虑，科学合理地选择景观树木。对植被的选择标准就是能够适应当地的自然环境、成活率相对比较高、在后期植被的管理中能够降低植被的管理难度、缩减进行植被管理消耗的人力成本和物力成本，能够最大限度地发挥风景园林景观设计的

生态保护效益和社会效益。

生物多样性原则。在进行风景园林景观设计时，生物种类的单一不仅不能凸显景观设计的内涵。生态学特点告诉人们，单一植物种类的生态系统是很容易被摧毁的，只有动植物种类丰富的生态系统才具有非常大的稳定性，能够抵挡外界环境的不断变化。因此在风景园林景观设计中，要不断地丰富生物种类，尽可能地在生态设计中形成一条完整的生物链条，从而增强人造生态系统的稳定性和成活能力。

人性化原则。风景园林景观的建设，从根本上讲是为了满足人类生存发展的需要。在进行风景园林景观的建设时，也要遵循人性化的原则，充分体现以人为本的理念，在实现园林景观生态效益与环境效益的同时，满足人们对园林景观的审美需求和观赏需要。在进行园林景观的设计时遵循人性化的原则，可以为城市居民提供休闲的场地，使人们更加贴近自然，促进人与自然的融合，对缓解人们的心理压力，保证人们的心理健康有着重要的意义。

与传统的园林设计理念相比，现代园林景观中的生态设计理念体现在整体的设计方法上，体现在尊重场地其他元素、生物的需求上，体现在尊重自然，保留一些自然的荒地、原野以研究自然的变化上，体现在园林景观设计要减少能源消耗、保护自然资源、废弃物再利用等方式方法上。园林景观的生态设计更好地实现了园林景观与自然环境的协调，对我国可持续发展战略的实施和环境友好型社会的建设有着重要的意义。

第二节　风景园林与自然

风景园林这个行业自诞生以来就与自然系统有着密不可分的联系。本节从风景园林与自然的关系、自然系统的理解、自然系统观下的风景园林3个方面来阐述风景园林与自然系统的种种联系。

一、风景园林与自然的关系

当今世界人口急剧膨胀、资源极度枯竭、环境急速恶化，风景园林的内涵已不仅在于营造一处优美的人造风光，更在于与自然系统密切沟通，调和自然界与人类社会经济发展的关系，在修复已遭破坏的环境的基础上，寻求一种人与自然和谐共处的用地模式。在风景园林行业发展的过程中，始终离不开自然要素和自然系统，它既是我们施展技能的工具，也是我们解决问题的对象，更是我们行业存在的基础和发展的动力。

但同时，风景园林是一种人工干预的实践活动。这意味着我们所创造的景观即使使用了再多的自然要素，看上去比自然的风光还要美，也不过是人造的景观。因此，在自然系统中人为地去干预去创造并不是一件看上去很美的事情。我们需要从思想、理论、技术上等方面去认识自然、尊重自然、利用自然。

二、自然系统的理解

"所谓自然系统，是指自然物按照它们的物理、化学或生物的联系而组成的整体。自然系统有天然系统和人化系统之分。天然自然系统的基本特点是，它不受人的干预，自然形成的。例如天体系统、地球系统、原始地理系统、原始生物系统，原始生态系统等。人化自然系统的特点是，它受到人的活动的影响和干预"。

在探讨风景园林与自然系统的关系之时，我们此时理解的自然系统应当是天然自然系统，它是与人化自然系统相对的宇宙中很多年以来形成的天体、海洋、植物、气象、动物等事物与现象。这是一个高度复杂的自循环系统和自平衡系统，如天体的先天运转、季节的周而复始、地球上动植物的生态循环，直至食物链等维持人体生命的各种系统都是自动高速平衡的。系统内的个体按自然法则存在或演变，产生或形成一种群体的自然现象与特征。

而这一高度复杂且庞大的自然系统最突出显著的特征当数其系统性。哲学中的现代系统观认为，事物的普遍联系和永恒运动是一个总体过程。因此，我们在分析问题时，要全面地把握和控制对象，综合地探索系统中要素与要素、要素与系统、系统与环境、系统与系统的相互作用和变化规律，把握住对象的内、外环境的关系，以便有效地认识和改造对象。

三、自然系统观下的风景园林

自然系统中每一个要素都有其作用。自然系统是一个自循环系统和自平衡系统。为了保持自然系统的健康和可持续性，系统内的食物链、能量流等物质与能量的传递必须得到进行，而进行这些过程的载体就是自然系统中的每一个要素。这些要素不仅仅包括我们过去常常使用的植物、山石、水体等，也包含我们常常忽略的微生物、风、雨水等，还包括我们通常认为是"废物"的一些东西。风景园林设计需要关注这些常常被忽略和被遗弃的自然要素，只有这样，我们设计的作品才能真正融入自然系统中，为整个系统的运转做出有益的贡献。

自然系统具有自组织和能动性。自然系统是具有自组织或自我设计能力的，热力学第二定律告诉我们，一个系统当向外界开放，吸收能量、物质和信息时，就会不断进化，从低级走向高级。同时，自然系统的这一自我组织和自我设计能力也是远远超出人类的认识与想象的。所以，以自然系统为研究对象的风景园林行业，不能闭门造车地光以个人的想象力去设计一个所谓的稳定的、静态的、保持不变的理想景观，更不可能以人的意志去控制、征服自然系统，而应当更加学习和借鉴自然系统自身的组织和设计能力，激发和引导自然的创造力，良性地引导自然过程，因势利导，这样才能设计出符合自然系统规律的景观。同时，对自然过程的利用与发掘也极大地提高了景观美学的深度，促使了过程景观的产生。

自然系统的生物多样性。自然系统具有生物多样性。生物多样性包括三个层次的含义，即：生物遗传基因的多样性；生物物种的多样性；生态系统的多样性。正是生物多样性维持了自然系统本身的健康和高效。因此，想要创作出与自然系统相容的景观设计就一定要遵守生物多样性。其中生态系统的多样性是基因多样性和物种多样性存在的环境基础，也是与我们风景园林行业联系最为密切的一个领域。

风景园林自始至终都离不开自然系统的范畴。作为风景园林师，从自然系统中汲取创作灵感，从自然系统中获取营造材料，从自然系统中能量动力，最终创造出的作品又将对自然系统产生影响。尽管，我们曾经由于认识的不足，忽略了自然系统本身的性质与作用，营造出的景观可能不具有可持续性，但随着我们对自然系统的更深入的探索，我们越能够了解到人类认识的不足与自然的伟大。

第三节　风景园林构成要素

随着社会温饱需求的初步满足，人们对生活环境提出更高要求，风景园林与城市规划、建筑建造、环境改善、植物保护均有密切联系。风景园林四大要素——地形、水体、植物、建筑是形成园林和景观空间的基础，风景园林发展离不开各部分功能的协调统一，本节对风景园林进行概述并分析其构成要素的作用。

一、风景园林定义与功能

风景园林作为人类文明的重要载体，已持续存在数千年，作为一门现代学科，风景园林学可追溯至 20 世纪。从传统造园到现代风景园林学，其发展趋势可以用三个拓展描述：第一，服务对象方面，从为少数人服务拓展到为人类及其栖息的生态系统服务；第二，价值观方面，从较为单一的游憩审美价值取向拓展为生态和文化综合价值取向；第三，实践尺度方面，从中微观尺度拓展为大至全球小至庭院景观的全尺度。

风景园林学科的发展前景与时代背景和国家命运息息相关。21世纪，可持续发展已经成为全人类的新课题，全球气候变暖、资源紧缺造成的环境危机是人类面对的共同挑战。科学发展、生态文明、和谐社会已经成为中国可持续发展的基本策略。风景园林学科以协调人与自然关系为根本使命，以保护和营造高品质的空间景观环境为基本任务，能够在一定程度吸收有害气体，改善城市小气候，减噪防风等，有利于经济环境可持续发展。

二、风景园林构成要素

风景园林古以山水为基础，通过建筑、植物形成轮廓骨架，用铺装、小品营造意境。园林四大要素——地形、水体、植物、建筑是构成园林空间景观的基础，是其他点缀要素的依托，景观环境空间质量取决于地形设计的合理性，恰当的地形设计对其他要素的形成具有支撑作用；水体是园林造景中最活跃的因素，能够灌溉土地、湿润空气、丰富景观，对降低噪声、净化环境具有实际作用。水的流动具有可塑性、趣味性，独特的视觉与听觉效果，能够活跃园林气氛，使造景更富有生机；植物是具有真实生命力的景观素材，其自身的美学功能、观赏特征、生态习性，能够丰富园林层次，具有视觉效果与嗅觉效果，富有生机；园林建筑是重要的造景因素，具有相当强的实用功能。部分书籍除建筑、水体、地形、植物外，将铺装也纳入园林构成要素中，铺装纹理具有引导性，能够增添游园乐趣。

三、风景园林构成要素对风景园林作用

山的作用。作为地形的重要组成部分，山体的合理应用对风景效果具有影响作用，造景讲究"依山傍水"，山体的起伏能够打破原有一成不变的景观线，园林山体分为土山、石山、土石混合三种形式，土山多于大型园林，具有坡度较缓、植被丰富等特点，山林气氛浓重；石山体形一般较小，多采用黄石、太湖石堆砌而成，可做洞穴涧壑、奇峰峭壁等，有深山幽谷气氛；土

石混合分为两类，其一，土多石少，是明清江南园林的常用造景手法，以自然为主，其二，土少石多，多交于大型峰峦，具有磅礴之势。

水的作用。水体是风景园林造景中最活跃的因素，为园林创造活跃气氛，具有降音降噪、肥沃土地等实际作用，因其独特的流动性，可形成不同形态，具有丰富的视觉效果，水景常与山景结合，古有"一池三山，曲水流觞"，水分为静水与流水，静水如石潭、平湖，水面开阔，如台湾日月潭；瀑布作为动景，不仅有视觉冲击，还有声音效果，跌水变化，使园林造景更加生动。

石的作用。石景具有点缀、护坡作用，通常与水景结合运用，在软质驳岸置石，能够打破枯燥，增添风景韵律，置石方法有散置、孤置等，堆石法多采用湖石，叠石法主要应用于璧山，又称挂壁法，塑石主要用灰泥和水泥，多用于现代公园探险项目，具有节约石材的优势。日本枯山水园林对置石的运用恰到好处，利用石景营造硬核景观，中国置石名园狮子林，通过石头的观赏面变化，点明狮的主题，颇有意趣。在缓坡地带置石还能稳定地基，有效防止山体滑坡。

建筑的作用。古代建筑有园、桥、亭子等，多用木材打造，现代建筑多为钢筋混凝土材料，防水性、密封性、耐久性更好，在风景园林中，亭的运用居多，亭子的做法不规范，具有搭建相对方便，通风效果好，能与周围植物设计相结合的特点，有回廊式、围墙式、西欧风格等。桥在古典园林中多为拱桥和木桥，如余荫山房。建筑具有分割空间的运用，因此不透明性，常用"高墙冷巷子"来形容多庭院组合，单体建筑多为高柱础，厚实墙，加以木雕，石雕营造磅礴之感，建筑是完全的硬质，与自然风景的结合，软硬辉映，使造园景色更富有意趣。

植物的作用。不同植物具有色彩、气味、形态差异，北方多为针叶林，树型笔直，南方多花叶树种，植物通常与建筑结合造景，所谓"一步一景"主要是由建筑墙体分割空间，植物引景而成。植物具有防风防沙、减弱噪声的作用，造景同时更能美化环境。作为造景中唯一具有生命的构成要素，更能体现景观的生命力。

中国园林历史悠久，从北至南发展，从皇家园林到私家园林、寺庙园林、郊野园林，其造景手法与造景要素不断优化。园林人利用有限的空间与材料，营造无穷的园中意趣。实为匠心之巧妙。

我国风景园林追求深远的艺术境界，实际园林空间建设面积有限，造园家常在山、水、亭、台从空间、材质、大小、颜色、形状、软硬、透明度、高低、远近等方面运用对比手法，以小见大，给游人延伸的意境享受。中国园林要素具有诸多类型，常将其结合运用，藏露有秩，升华游园主题。应运现代化建设要求，现代园林在保留原有特色的基础上，拓展新的造园风格，"新中式"就是应运而生的产物，保持运用建筑、水体、植物、地形造景的同时，结合新要素如灯光、钢铁材料等，营造更为实用、耐久、生态的园林。

第四节 风景园林设计中的情感因素

本节针对风景园林设计中的情感因素，从情感的定义、特征、在园林设计中的体现及不同国家在风景园林设计中的所体现的园林形式等方面来解释情感因素。

随着生活水平的提高，人们对风景园林的追求也增高。不同的人对美的感受与定义有所不同，所以在风景园林的设计过程中要因人而异，针对不同的人进行不同的创作，注重人们的情感因素。

一、情感

情感的定义。情感不仅仅指人的喜怒哀乐，而且泛指人的一切感官的、肌体的、心理的及精神的感受。园林中的情感因素有很多，主要是通过建筑布局、植物配置、山水石、诗画、匾额等来表达。

情感的特征。

情感的倾向性。情感的倾向性与一个人的世界观、人生观、价值观分不开，是指一个人的情感指向和引起的原因。唐宋八大家之一的苏轼对竹十分喜爱，写下"宁可食无肉，不可居无竹"。周敦颐先生对莲的情感表达十分直接："予独爱莲之出淤泥而不染，濯清涟而不妖。"这是他们对情感倾向性的表达。

情感的时间性与空间性。情感是人在一定时间段内所产生的内心活动。开心、悲伤、愤怒、嫉妒等情感都具有时间性，不会永远存在，不同的情感交错才使得人们更加完整。每个季节有其独特的景色。情感的时间性在园林中的应用，如西湖十景中的"苏堤春晓"薄雾迷蒙、垂柳初绿，"曲院风荷"映日荷花别样红，"平湖秋月"夜晚湖中朦胧月色，"断桥残雪"雪后初晴、雪色洒落断桥。当人处在不同的空间时，会产生不同的情感。如留园的入口景区曲折、黑暗、狭长，形成放—收—放空间序列，中部景区呈开阔环形，前后空间具有明显差异，给人豁然开朗之感。

因此，情感是生活现象与人心共同决定的，是人对现实的一种比较固定的态度，表现为与人的个性、道德、经验等有关的各种体验之中。

二、风景园林设计中的情感因素

情感化的因素体现在人们所处的自然环境和人文环境中，景观能够影响人们的各种情感活动，这种活动通过人们的情感体验和个体性格特点反映出来。因此，情感化的景观设计同样要关注人的活动和需求，遵循"以人为本""人性化设计"的原则。

情感在园林设计中的体现主要有形、色、声、味等方面。对不同园林要素的搭配组合，营造出不同的场景氛围。

形。每个场地都有独特的形状、肌理。北京是一座具有 3 000 多年历史的古都，底蕴深厚。其中心轴线具有十分重要的意义。"山城"重庆，由于坐落在丘陵之上，随处可见依坡而建的房屋。城市魅力的体现在我们对于美的发现，发现美并利用美来进行风景园林设计以此感受城市的魅力。

色。城市的景观有其文化内涵，城市的建筑色彩也有它的文化内涵。色彩不仅是展现一座城市的文化，还展现一座城市的文明。从白墙黑瓦的中国江南民居到红墙黄瓦的中国故宫建筑，再到彩色外墙的欧洲特色威尼斯布拉诺小镇，色带给人们的视觉冲击，会令人产生一种强烈的兴奋，深深地感受色带来的震撼、讶异与感动。

声。园林中的声音也是独特的景观。如苏州拙政园感受蕉窗听雨的"听雨轩"，杭州的西湖十景之一的"南屏晚钟"，个园中"冬山"的"北风呼啸"声。现代的声音景观也有许多，如西安大雁塔的音乐喷泉、桂林两江四湖放的古典音乐，园林通过这些声音景观深化了园林意境。

味。味在园林中也是重要的情感因素。不同的植物气味各有特色。如桂花的浓香、茉莉花的清香等，不同的香味令人产生不同的嗅觉感受。拙政园的远香堂，取自《爱莲说》："香远益清"，在夏日荷风中清香远送。留园著名的闻木樨香轩，也是因其香味而闻名，这些气味就像地标一样，扮演着园林路标的角色。除此之外，松柏、桉树、樟树等树木散发出来的香气，都能引起游人美好的心理感受。

三、中国传统园林设计中的情感因素

中国传统天人合一思想。寓天道于人心，遵循天道，顺应自然，与自然和谐相处。两晋南北朝以后，将人文的审美融入大自然的山水观念之中，形成中国风景式园林"源于自然，高于自然""建筑美与自然美相融糅"等基本特点，并贯穿于此后园林发展的始终。

中国传统君子比德思想。以自然之美比喻君子之美。人们对大自然的尊重，是因为大自然地形象表现出了与人美好高尚品德相类似的特征。中国园林筑山理水的手法，使得中国园林风景式发展更加明确。君子比德思想在园林中的运用和体现的是通过构图要素的处理，在园林中精心细致地配以山水花木石等元素。扬州个园园主人认为，竹虚心、体直、挺拔，有君子品格，因此个园遍植竹，竹叶形状似"个"字，故名个园。广玉兰、竹、梅花等花木在个园的广泛运用体现了君子比德思想对园林的影响。可见君子比德思想对中国人的影响十分深入。

中国传统神仙思想。由于中国封建社会统治者对人民进行压迫，苦闷不堪的人们开始寄希望于虚幻的神仙，希望他们能够解救自己。我国神话系统的来源就是当时的昆仑山和东海仙山。

昆仑山是中国文化的一种理想景观模式。东海仙山神话对中国园林发展影响较大，促进了秦汉时期皇家园林风景式发展。汉武帝在建章宫内开凿太液池，为了模拟神仙境界，在太液池中堆筑三个岛屿，象征瀛洲、蓬莱、方丈三仙山，开"一池三山"模式之先河。一池三山成为中国传统园林的基本模式，并从汉代园延续到清代，如颐和园昆明湖中的南湖岛、治镜阁岛和藻鉴堂岛。

四、国外传统园林设计中的情感因素

日本传统园林设计中的情感因素。日本庭园的历史悠久，由于受中国蓬莱仙境的影响，在院中挖地造岛，旨在营造蓬莱仙境。除造岛外还在庭院中增加一些石灯、石制洗手钵等元素，使得庭院初步具有日本风格。石灯表示肃穆清净之感，石制洗手钵象征洁净的泉水。植物以绿色为主，开花植物较少，表达清心寡欲的心境，达到修行的目的。由于受到佛教的影响，日本庭园渐趋抽象。代表这倾向和时代的就是枯山水，一般由白色细碎砂石铺地，再点缀一些片石、苔藓、罗汉松等元素。枯山水一沙一世界的境界，表达了对宁静的向往。"禅"的意境融入园林中，启发人们思考生命、净化心灵。

古埃及园林中的情感因素。埃及气候条件独特，从而形成了独特的埃及园林形式。古埃及园林可划分为四种类型：宫苑园林、圣苑园林、陵寝园林和贵族花园。这四种类型的园林在一定程度上是为了加强封建统治。宫苑园林是为法老娱乐休闲所建，宫内造园元素丰富多样，如水池、花木、凉亭等。圣苑园林周围多种植茂密树木，以此烘托树木的神圣色彩和表达对神灵的崇拜。与中国不同的是，因为其地理位置，所以埃及人十分重视园林改善小气候的作用。树木庇荫的作用渐渐显现，树木和水体也成为他们重要的造园要素。

古希腊园林中的情感因素。古希腊文明有它的独特性。希腊园林设计中有很多希腊神话的元素，如雕塑、饰瓶、绘画、建筑等。早期的宫廷园林为王公贵族服务，内容形式丰富，喷泉、水池、饰瓶等有较强观赏性。由于民主思想的发展，出现了可供人们使用的公共园林。希腊人对树木也怀有神圣的尊崇心理，把树木作为礼拜的对象，神庙外围种植树林，称为圣林。文人园——哲学家的学园，主要是当时著名的哲学家们在露天环境中讲学，表明当时的文人对树木、水体等自然环境的喜爱。

风景园林见证了时代的历史与发展，用艺术将人和环境关系处理得和谐统一。风景园林在满足人们的基本功能需求后，渐渐发展，为满足人们的精神和心理需求，慢慢融入情感因素使人们在景观中产生认同感、满足感、归属感等，寓情于景。

第五节　风景园林的植物配置与规划

随着国家的不断发展，风景园林的植物配置与规划得到高度关注，很多任务的执行都要从长远的角度来出发，坚持提升规划的可靠性、可行性。相对而言，风景园林的植物配置与规划的难度并不低，应坚持在地域性的特色方面获得良好的发挥，这样才能取得持续性的效果。与此同时，配置与规划的进行，还要对防护工作进行良好的落实，减少外部因素的严重破坏现象。针对风景园林的植物配置与规划展开了讨论，并提出了合理化的对策和建议。

从客观的角度来分析，风景园林的植物配置与规划的开展，能够对城市建设和地方项目的完善，提供更多的帮助与指引，整体上的发展空间较大。但是，部分区域对此的重视程度不高，同时采用的方法和手段，并没有按照最新的理念来完成，最终造成的损失和负面影响非常突出。此种情况下，应坚持在风景园林的植物配置与规划方面做出深入的分析和探讨，寻找到正确的工作路径来完成，确保今后的成绩能够更好地巩固。

一、风景园林的植物配置与规划的现状、问题

植物配置不合理。现代化的城市发展、建设过程中，风景园林的植物配置与规划是比较有代表性的内容，但是并非所有的地方都能够按照预期设想来完成。调查研究过程中，发现植物配置不合理是比较严重的问题，应坚持在未来工作的开展上，对此进行妥善的解决。首先，风景园林的植物配置与规划的初期阶段，针对植物的美观度过于关注，虽然在表面上能够按照拼接的手法来完成，日常的灌溉维护手段也比较充足，但是对于植物自身的季节性，以及气候适应等，没有做出充足的考虑，以至于植物的效果只能维持很短的时间，不仅浪费了大量时间和精力，同时导致第二年的投入也会不断地增加。其次，植物配置过程中，没有按照环保的标准来进行，这就促使植物本身的净化效果无法获得良好的提升，针对空气改善、土壤保护、水源涵养等，都没有做出卓越的贡献，以至于风景园林的植物配置与规划的路线展现为偏差的现象。

规划体系不健全。与既往工作有所不同，风景园林的植物配置与规划的进行，还必须在规划体系不健全的问题上，选用正确的方式来应对和解决。规划体系不健全的现象，是长期积累的结果，有些地方从一开始，就没有按照正确的路线来进行。首先，风景园林的植物配置与规划的初期阶段，针对自身的需求，以及具体工作的安排等，都没有得到良好的参考和建议，大部分情况下完全落实经验作业模式，或者是进行抄袭和套用，这就很容易影响到风景园林的植物配置与规划的积极进步，产生的消极损失难以估量。其次，规划工作不健全的情况下，后续的指导和预期设想都会出现较多的改变，甚至在动态因素上也会出现诸多的不足。此种情况下，必须在规划体系方面做出良好的健全处理。

二、风景园林的植物配置与规划的原则

我国虽然是一个发展中国家，但是在国内的建设工作中，风景园林的植

物配置与规划占有非常重要的地位，继续实施传统的、错误的模式，不仅影响了环境效益的创造，更加会导致风景园林的植物配置与规划，出现严重的损失，甚至是造成无法弥补的现象。结合以往的工作经验和当下的工作标准，认为风景园林的植物配置与规划的进行，要加强原则的有效遵守。第一，风景园林的植物配置与规划的内容，必须保持足够的丰富性。任何一个地方的工作项目进行，都不可能直接按照单一手段来创造出较高的价值，而是要在具体的操作上，选用综合性的模式来应对和解决，这样才能在自身的体系上不断地改进，从而在环境效益和社会发展上提供更多的帮助。第二，风景园林的植物配置与规划的手段、方法，要坚持按照国家倡导的理念和模式来进行，要最大限度地促使规划与配置，能够长久存在，与现有的环境更好融合。

三、风景园林的植物配置与规划的对策

加强地理考察、调研。从客观的角度来分析，风景园林的植物配置与规划的过程中，为了在今后的工作中取得更好的成绩，必须坚持在地理考察、调研方面选用有效的手段来进行。首先，水土条件、气候条件是比较基础的组成部分，由于近年来的产业调整力度不断加大，再加上人工干预手段的提升，很多区域的环境条件都在不断地改变，不能继续落实老旧的思想和方法，要结合现有的条件科学搭配植物，从而确保风景园林的建设，能够达到四季常青的效果，为地方的长远进步，做出更加卓越的贡献。其次，地理调研过程中，还要对自然灾害有一个明确的认知。风景园林的植物配置与规划的开展，自然灾害将会存在特别大的影响，而且造成的破坏力极为显著，此时要提前做好防护工作，从而在调研的综合成绩上，能够更好地巩固。

加强区域性的配置和规划。新时代的国家建设当中，风景园林的植物配置与规划所产生的积极作用是毋庸置疑的，可是从长远的角度来考虑，不同区域的配置、规划工作，还是存在很大的差异性，这就需要在具体内容的部署当中，确保风景园林的植物配置与规划的区域性内容，能够达到协调的效果，由此能够在价值的创造上，不断地达到预期目标。例如，湖南省在风景

园林的植物配置与规划方面，能够充分结合自身的优势来完成，在具体工作的实践上，符合国家倡导的理念和标准。花湖谷旅游区大花海景区规划面积11.6万亩，现已开发建设6万亩，建成16个名贵花卉、珍贵树种、优质水果精品园。紫薇园是大花海景区的核心景区，占地1.13万亩，园内融入了"紫薇文化""岳飞文化"和"民俗文化"等元素，建有18 km的岳王长城、6000 m的紫薇长廊和紫薇千禧园、紫薇祥瑞园、紫薇祈福园等景点，栽植不同品种的名贵紫薇110多万株，是目前全国品种最新、最优、最全的紫薇园。花开时节，在花湖谷旅游区紫薇园可以观赏到全国规模最大、品种最全、景色最美的紫薇花海。

完善局部配置。就风景园林的植物配置与规划本身而言，今后的工作挑战是比较多的，为了在具体工作成绩上获得更好的巩固效果，首先，建议对局部配置进行完善，这是一项非常重要的组成部分，而且在部分情况下，能够产生决定性的影响。如浏阳市长兴湖滨湖园林风景中，局部视线的焦点采用5层植物搭配。整体林冠线由西向东，也就是从商业街区向湖边进行渐变，由高至低（植物搭配色彩由绿色向彩色渐变。其次，在层次搭配中，还要根据植物生命周期进行，因为树木花草的生命周期并不相同，而且不同品种的植物之间的生命周期也不一样，不同生命周期的植物进行搭配，也显示出层次的理念，但是这就需考虑生命周期衔接和变化的次序。

加强维护工作。通过对风景园林的植物配置与规划进行多元化的操作，整体上的工作成绩能够大幅度地提升，很多内容都没有表现出严重的不足。日后，应继续在风景园林的植物配置与规划的维护方面，不断地改进，从而创造出更高的效益。首先，维护体系的设定，要结合风景园林的植物配置与规划的差异性，以及地方工作的限制性条件来完成，这样处理的好处在于，能够提高工作效率、工作质量，对于将来的长远发展，做出更加卓越的贡献，在问题的综合改进和解决过程中，从根本原因出发，减少了外部不利因素的影响。其次，维护工作的实施过程中，要对现代化的技术手段做出良好的运用。例如，风景园林的植物配置与规划的项目运作，要加强监测技术的有效落实，实时分析具体工作的缺失和不足，进行远程指导、干预，确保在问题的处理过程中，能够不断地创造出较高的价值，在未来的发展成就上，努力获得更好的巩固效果。最后，维护工作的进行过程中，必须加强防护体系的设定。例如，有些地方的自然灾害较为严重，而且在狂风、暴雨的影响下，都容易对既有的成果产生严重的损失，这就需要加强防护工作的综合落实，为今后的环境改进努力做出更加卓越的贡献。

现如今的国家发展速度不断加快，风景园林的植物配置与规划的很多内容都取得了不错的成绩，而且在地方建设方面，能够按照特色模式来开展，在问题的综合处置上，可以创造出较高的价值。日后，应继续对风景园林的植物配置与规划开展深入研究，加强争议性问题的探讨，紧密跟随国家的发展步伐来不断前进。另外，风景园林的植物配置与规划的实践，要求与理论相互结合，从而在方案的设定和实施过程中够取得更好的效果。

参考文献

[1] 萧默. 建筑意 [M]. 北京：清华大学出版社，2006.

[2] 廖建军. 园林景观设计基础 [M]. 湖南：湖南大学出版社，2011.

[3] 侯幼彬. 中国建筑美学 [M]. 北京：中国建筑工业出版社，2009.

[4] 唐学山. 园林设计 [M]. 北京：中国林业出版社，1996.

[5] 彭一刚. 中国古典园林分析 [M]. 北京：中国建筑工业出版社，1999.

[6] 余树勋. 园林美与园林艺术 [M]. 北京：科学出版社，1987.

[7] 高宗英. 谈绘画构图 [M]. 济南：山东人民出版社，1982.

[8] 计成. 园冶注释 [M]. 北京：中国建筑工业出版社，1988.

[9] 王其钧. 中国园林建筑语言 [M]. 北京：机械工业出版社，2007.

[10] 褚泓阳，屈永建. 园林艺术 [M]. 西安：西北工业大学出版社，2002.

[11] 韩轩. 园林工程规划与设计便携手册 [M]. 北京：中国电力出版社，2011.

[12] 邹原东. 园林绿化施工与养护 [M]. 北京：化学工业出版社，2013.

[13] [美] 阿纳森. 西方现代艺术史：绘画·雕塑·建筑 [M]. 天津：天津人民美术出版社，1999.

[14] [西] 毕加索. 现代艺术大师论艺术 [M]. 北京：中国人民大学出版社，2003.

[15] [美] 诺曼·K·布恩. 风景园林设计要素 [M]. 北京：中国林业出版社，1989.

[16] [德] 汉斯·罗易德（Hans Loidl），斯蒂芬·伯拉德（Stefan Bernaed），等. 开放的空间 [M]. 北京：中国电力出版社，2007.

[17] 彭一刚. 中国古典园林分析 [M]. 北京：中国建筑工业出版社，1986.

[18][美] 格兰特·W. 里德. 园林景观设计从概念到设计 [M]. 北京：中国建筑工业出版社，2010.

[19] 郭晋平，周志翔. 景观生态学 [M]. 北京：中国林业出版社，2006.

[20] 西湖揽胜 [M]. 杭州：浙江人民出版社，2000.

[21] 王郁新，李文，贾军. 园林景观构成设计 [M]. 北京：中国林业出版社，2010.

[22] 王惕. 中华美术民俗 [M]. 北京：中国人民大学出版社，1996.

[23] 傅道彬. 晚唐钟声——中国文学的原型批评 [M]. 北京：北京大学出版社，2007：161.

[24] 孟详勇. 设计——民生之美 [M]. 重庆：重庆大学出版社，2010.